乡村振兴研究与实践丛书 | 张晓瑞主编

浙江大学建筑设计研究院有限公司　联合研究成果
合肥工业大学

# 村庄规划理论、方法与实践

Village Planning Theory，Method and Practice

于建伟　张晓瑞　著

东南大学出版社
SOUTHEAST UNIVERSITY PRESS
南京·2022

**内容提要**

乡村振兴要规划先行,科学编制村庄规划是乡村振兴的基础性工作,也是当前相关理论研究和实践探索的热点与焦点。本书从乡村振兴的视角出发,以乡村振兴总体规划、村庄群规划、"多规合一"的实用性村庄规划为研究中心,系统梳理了国内外村庄规划的理论研究和实践,探索建构了乡村振兴视角下村庄规划编制的理论和技术方法体系,并进行了系统的案例研究。总体上,本书从乡村振兴的时代背景出发,尝试构建村庄规划的理论、方法和实践应用体系,以期为相关研究和实践工作提供参考和借鉴。

本书力求做到理论、方法与实践案例的有机结合,可供从事乡村振兴、国土空间规划、村庄规划、乡村发展建设及其相关领域的科研、教学、实践工作者以及自然资源、农业农村、发展改革等相关部门的管理人员阅读参考,也可作为高等院校相关专业本科生、研究生的教学参考用书。

**图书在版编目(CIP)数据**

村庄规划理论、方法与实践 / 于建伟,张晓瑞著. —
南京:东南大学出版社,2022.8
(乡村振兴研究与实践丛书 / 张晓瑞主编)
ISBN 978-7-5766-0208-1

Ⅰ. ①村… Ⅱ. ①于… ②张… Ⅲ. ①乡村规划—研
究—中国 Ⅳ. ①TU982.29

中国版本图书馆 CIP 数据核字(2022)第 143103 号

责任编辑:孙惠玉 李 倩　　　　　责任校对:张万莹
封面设计:王 玥　　　　　　　　　责任印制:周荣虎

**村庄规划理论、方法与实践**
Cunzhuang Guihua Lilun,Fangfa Yu Shijian

著　　者:于建伟 张晓瑞
出版发行:东南大学出版社
社　　址:南京市四牌楼2号　邮编:210096　电话:025-83793330
网　　址:http://www.seupress.com
经　　销:全国各地新华书店
排　　版:南京布克文化发展有限公司
印　　刷:南京凯德印刷有限公司
开　　本:787 mm×1092 mm　1/16
印　　张:12
字　　数:300 千
版　　次:2022 年 8 月第 1 版
印　　次:2022 年 8 月第 1 次印刷
书　　号:ISBN 978-7-5766-0208-1
定　　价:49.00 元

乡村振兴是中国当前正在全面深入实施的国家重大发展战略,是全面建设社会主义现代化国家的重大历史任务,是新时代做好"三农"工作的总抓手。实施乡村振兴战略,是解决人民日益增长的美好生活需要和不平衡不充分的发展之间矛盾的必然要求,是实现"两个一百年"奋斗目标的必然要求,是实现全体人民共同富裕的必然要求。当前,乡村振兴的宏伟蓝图正在中华大地上徐徐铺展,"农业强、农村美、农民富"的愿景正在由梦想变成现实,农业正成为有奔头的产业,农民正成为有吸引力的职业,农村正成为安居乐业的美丽家园。

乡村振兴是一项重大系统工程,包括一系列具有基础性地位的理论方法和实践探索课题,已成为当前学术研究的热点和焦点。例如,国家提出要按照集聚提升、城郊融合、特色保护、搬迁撤并的思路分类推进乡村振兴,不搞"一刀切"。这就提出了一个理论方法问题,即如何将村庄划分成集聚提升类、城郊融合类、特色保护类、搬迁撤并类等类型,要按照何种标准、采用什么方法来划分,从而为分类推进乡村振兴提供科学依据。又如,《中华人民共和国乡村振兴促进法》专门对村庄规划做了规定,即县级政府和乡镇政府应当依法编制村庄规划,分类有序地推进村庄建设。根据此条要求,乡村振兴必须要依法编制村庄规划,做到先规划后建设,由此为实现全面振兴奠定基础。村庄规划历来都有,但在乡村振兴的时代背景下如何编制村庄规划、如何用村庄规划来促进乡村振兴则又是一个重大理论方法研究课题。此外,乡村发展综合评价、村庄土地整治、村庄群及其规划等也正成为乡村振兴战略实施中的重要研究和实践探索课题。

"乡村振兴研究与实践丛书",针对乡村振兴中的基础性课题展开研究与探讨,是将乡村振兴的理论、方法与实践应用集为一体的系列著作。该套丛书将给出乡村发展综合评价方法、基于乡村发展综合评价的村庄分类方法和村庄土地整治策略,由此形成一体化的乡村发展评价、分类与整治的理论和技术方法体系;将探索、建构乡村振兴视角下的村庄规划编制框架体系和技术方法体系,给出乡村振兴总体规划、村庄群规划、村庄规划的编制内容和支撑方法;将以不同地区的典型案例为实证,进行系统的应用研究,从而为乡村振兴研究和实践工作提供参考和借鉴。

"乡村振兴研究与实践丛书"将为对乡村振兴研究感兴趣的研究者、管理者和学生提供理论、方法和实践经验,可供从事乡村振兴、乡村发展建设及其相关领域的科研、教学、实践工作者阅读与参考。最后,希望本套丛书的出版不仅能丰富乡村振兴研究和实践的框架体系,而且能为读者的进一步思考和探索提供参考,更希望本书能为推动乡村振兴研究和实践进程贡献微薄之力。

张晓瑞

2022 年写于合肥

　　规划是发展建设的龙头和总纲,先规划后建设是城乡发展建设的基本模式。在当前乡村振兴和国土空间规划体系构建的时代背景下,村庄规划是乡村振兴国家战略实施的一个基础性工作,也是国土空间规划在乡村地区的法定规划,是村庄发展建设的蓝图和法定依据。根据《中华人民共和国乡村振兴促进法》的要求,乡村振兴必须要依法编制村庄规划,做到先规划后建设,由此为实现全面振兴奠定基础。

　　乡村振兴使传统的村庄规划正面临难得的发展机遇,"编什么、怎么编"成为当前村庄规划理论、方法研究和实践探索的基本课题,当然,这也是本书所要分析探讨的核心与主线。总体上,本书紧扣乡村振兴国家战略的基本原则,紧密结合国土空间规划体系的最新要求,尝试构建了乡村振兴视角下的村庄规划编制理论方法和实施管理的框架体系,并结合典型地区的规划编制案例进行了系统的实证应用研究,以期为村庄规划研究和实践提供参考和借鉴。

　　具体的,全书共分为8章,包括理论研究和案例研究两大部分,其中,第1章到第5章为理论研究部分,第6章到第8章为案例研究部分。第1章为绪论,分析了研究背景,梳理了基本概念,明确了全书的研究方法和研究内容。第2章为研究综述,从分析相关基础理论入手,系统总结了国外村庄规划和国内村庄规划研究和实践的主要内容。第3章构建了乡村振兴视角下基于"乡村振兴总体规划、村庄群规划、村庄规划"的三级体系,由此从宏观的乡村振兴层面、中观的村庄群层面和微观的村庄个体层面构建村庄规划编制的框架体系,同时明确了各个层面的规划编制内容和成果形式。第4章给出了村庄规划的编制方法,主要包括村庄规划的调研方法、数据处理方法和空间分析方法。第5章探讨了村庄规划的管理机制,包括规划编制管理和规划实施管理两大方面。第6章全面展示了木垒哈萨克自治县乡村振兴总体规划的主要编制内容,分析了规划的创新和特色。第7章以安吉县天子湖畔村庄群规划为案例,系统分析了村庄群规划的编制内容。第8章以怀集县水口村村庄规划编制为实证,给出了"多规合一"的实用性村庄规划编制内容。

　　综上,本书在系统梳理国家相关政策要求和国内外村庄规划研究和实践的基础上,以乡村振兴总体规划、村庄群规划、"多规合一"的实用性村庄规划为三大关键内容,探索构建了乡村振兴视角下村庄规划编制的理论和技术方法体系,并进行了系统的实证应用研究,由此为乡村振兴时代背景下的村庄规划研究和实践提供参考和借鉴,进而为乡村振兴国家战略实施提供决策支持。

# 下编 案例研究

# 上编　理论研究

# 1 绪论

## 1.1 研究背景

### 1.1.1 乡村振兴战略

乡村是中华文明的基本载体,是中国农村的基本空间单元,是农村经济社会活动的主体,是关系国计民生的根本性问题,更是保障国家长治久安、实现中华民族伟大复兴的基础。民族要复兴,乡村必振兴,乡村振兴是中国当前正在全面深入实施的国家重大发展战略,是全面建设社会主义现代化国家的重大历史任务,是新时代做好"三农"工作的总抓手。当前,我国最大的不平衡是城乡发展不平衡,最大的不充分是农村发展不充分。实施乡村振兴战略是解决新时代我国社会主要矛盾的迫切要求。2017年10月,中国共产党第十九次全国代表大会提出了乡村振兴战略。随后,关于乡村振兴战略的一系列国家政策、规划等重要文件陆续出台,为乡村振兴战略的稳步有序实施奠定了坚实基础。2018年1月,《关于实施乡村振兴战略的意见》(中发〔2018〕1号)由中共中央、国务院印发,这是改革开放以来第20个、21世纪以来第15个指导"三农"工作的中央一号文件,对实施乡村振兴战略进行了全面部署。2018年9月,中共中央、国务院印发了《乡村振兴战略规划(2018—2022年)》(中发〔2018〕18号)。2020年12月,中共中央、国务院印发《关于实现巩固拓展脱贫攻坚成果同乡村振兴有效衔接的意见》(中发〔2020〕30号),对全面实现小康后的乡村振兴战略实施进行了具体部署。2021年2月,中共中央、国务院印发《关于全面推进乡村振兴加快农业农村现代化的意见》(中发〔2021〕1号),同月的25日,国务院直属机构国家乡村振兴局挂牌成立。2021年6月1日,《中华人民共和国乡村振兴促进法》正式施行。综上可见,乡村振兴的宏伟蓝图正在中华大地徐徐铺展,各具特色的现代版"富春山居图"正在由梦想变成现实,农业正成为有奔头的产业,农民正成为有吸引力的职业,农村正成为安居乐业的美丽家园。

在乡村振兴的发展目标上,到2035年要取得决定性进展,农业农村现代化基本实现。农业结构得到根本性改善,农民就业质量显著提高,相对贫困进一步缓解,共同富裕迈出坚实步伐;城乡基本公共服务均等化基本实现,城乡融合发展体制机制更加完善;乡风文明达到新高度,乡村治理体系更加完善;农村生态环境根本好转,生态宜居的美丽乡村基本实现。到2050年,乡村要实现全面振兴,农业强、农村美、农民富全面实现。

乡村振兴战略的总体要求是产业兴旺、生态宜居、乡风文明、治理有效、生活富裕。其中,产业兴旺是重点,生态宜居是关键,乡风文明是保障,治理有效是基础,生活富裕是根本。在产业发展上,乡村振兴战略要构建现代农业的生产、经营和服务体系,实现农村一、二、三产业深度融合发展,从而推动农业从增产导向转向提质导向,增强我国农业创新力和竞争力,为建设现代化经济体系奠定坚实基础。在乡村生态上,乡村是生态涵养的主体区,生态是乡村最大的发展优势。乡村振兴战略要统筹山水林田湖草系统治理,加快推行乡村绿色发展方式,加强农村人居环境整治,从而构建人与自然和谐共生的乡村发展新格局,实现百姓富、生态美的统一。在乡风文化上,乡村振兴战略要深入挖掘农耕文化蕴含的优秀思想观念、人文精神、道德规范,结合时代要求在保护传承的基础上创造性转化、创新性发展,在新时代焕发出乡风文明的新气象,进一步丰富和传承中华优秀传统文化。在乡村治理上,乡村振兴战略要加强农村基层基础工作,健全乡村治理体系,确保广大农民安居乐业、农村社会安定有序,打造共建共治共享的现代社会治理格局,推进国家治理体系和治理能力现代化。在乡村生活上,实施乡村振兴战略要不断拓宽农民增收渠道,全面改善农村生产生活条件,促进社会公平正义,增进农民福祉,让亿万农民走上共同富裕的道路,汇聚起建设社会主义现代化强国的磅礴力量。最后,在乡村振兴战略的实施路径上,国家明确提出要分类推进乡村发展,进而实现乡村振兴。具体地,要顺应村庄发展规律和演变趋势,根据不同村庄的发展现状、区位条件、资源禀赋等,按照集聚提升、融入城镇、特色保护、搬迁撤并的思路,分类推进乡村振兴,不搞一刀切。总之,农业强不强、农村美不美、农民富不富,关乎亿万农民的获得感、幸福感和安全感,而实施乡村振兴战略则正是建设现代化经济体系的重要基础,是建设美丽中国的关键举措,是传承中华优秀传统文化的有效途径,是健全现代社会治理格局的固本之策,更是实现全体人民共同富裕的必然选择。

### 1.1.2　国土空间规划

2018年4月10日,根据党的十九届三中全会审议通过的《中共中央关于深化党和国家机构改革的决定》《深化党和国家机构改革方案》和第十三届全国人民代表大会第一次会议批准的《国务院机构改革方案》,中华人民共和国自然资源部正式挂牌成立。在自然资源部"三定"方案中,负责建立国土空间规划体系并监督实施是其一项重要职责,具体包括:推进主体功能区战略和制度,组织编制并监督实施国土空间规划和相关专项规划;开展国土空间开发适宜性评价,建立国土空间规划实施监测、评估和预警体系;组织划定生态保护红线、永久基本农田、城镇开发边界等控制线,构建节约资源和保护环境的生产、生活、生态空间布局;建立健全国土空间用途管制制度,研究拟订城乡规划政策并监督实施;组织拟订并实施土地、海洋等自然资源年度利用计划;负责土地、海域、海岛等国土空间用途转用工作;负责土地征收征用管理。

自然资源部的成立标志着一个规划新时代的开始。中国的空间规划体系将从"多规冲突""多规合一"迈入统一的国土空间规划新时代。构建统一的国土空间规划体系是自然资源部的重要职责,也是国家机构改革的一个重大创新,原因在于其整合了原国家发展和改革委员会、国土资源部、住房和城乡建设部等多个部、委、局有关空间性规划的编制管理职能,从而实现了对各类空间性规划的统筹协调,为解决空间规划重叠、机构分散、标准不统一、实现国土空间一张蓝图绘到底夯实了基础。显然,中国规划行业将迎来一次具有里程碑意义的重大历史变革,国土空间规划正式登上历史舞台,成为新时代中国规划领域的主角与核心,并迎来了属于自己的新时代和新格局。

长期以来,各级各类空间规划在支撑中国城镇化快速发展、推进国土空间合理利用和有效保护方面发挥了积极作用。但是,规划类型过多、内容交叉重叠甚至矛盾冲突等问题也客观存在,这不利于国土空间的可持续开发、利用与保护。因此,国家将主体功能区规划、土地利用规划、城乡规划等空间规划融合为统一的国土空间规划,实现"多规合一",建立全国统一、责权清晰、科学高效的国土空间规划体系,整体谋划新时代国土空间开发保护格局,科学布局生产空间、生活空间、生态空间,这是保障国家战略有效实施、促进国家治理体系和治理能力现代化、实现中华民族伟大复兴中国梦的必然要求。

国土空间规划是国家空间发展的指南、可持续发展的空间蓝图,是各类开发保护建设活动的基本依据。2019年5月,中共中央、国务院《关于建立国土空间规划体系并监督实施的若干意见》(中发〔2019〕18号)正式发布,提出到2025年,要健全国土空间规划法规政策和技术标准体系,全面实施国土空间检测预警和绩效考核机制,形成以国土空间规划为基础、以统一用途管制为手段的国土空间开发保护制度;到2035年,全面提升国土空间治理体系和治理能力现代化水平,基本形成生产空间集约高效、生活空间宜居适度、生态空间山清水秀,安全和谐、富有竞争力和可持续发展的国土空间格局。

国土空间规划是一系列不同层级、不同尺度的规划集合,是对一定区域国土空间开发保护在空间和时间上作出的安排,包括总体规划、详细规划和相关专项规划。其中,国家、省、市县编制国土空间总体规划,各地结合实际编制乡镇国土空间规划。专项规划是在特定区域和特定领域,为体现特定功能,对空间开发保护利用作出的专门安排,是涉及空间利用的专项规划。国土空间总体规划是详细规划的依据和专项规划的基础,专项规划要相互协同,并与详细规划做好衔接。详细规划是对具体地块用途和开发建设强度等作出的实施性安排,是开展国土空间开发保护活动、实施国土空间用途管制、核发城乡建设项目规划许可、进行各项建设等的法定依据。在城镇开发边界外的乡村地区,以一个或几个行政村为单元,由乡镇政府组织编制"多规合一"的实用性村庄规划,将其作为详细规划并报上一级政府审批。

### 1.1.3 村庄规划要求

在乡村振兴战略全面实施和国土空间规划体系构建的时代大背景下,村庄规划也面临一系列新形势和新要求。2019 年 1 月,中央农村工作领导小组办公室、农业农村部、自然资源部、国家发展和改革委员会和财政部联合发布《关于统筹推进村庄规划工作的意见》(农规发〔2019〕1 号),从 7 个方面对村庄规划工作进行了总体部署,包括切实提高村庄规划工作重要性的认识、明确村庄规划工作的总体要求、合理划分县域村庄类型、统筹谋划村庄发展、充分发挥村民主体作用、组织动员社会力量开展规划服务、建立健全县级党委领导政府负责的工作机制;同时,强调要切实做到乡村振兴规划先行,自然资源主管部门要做好村庄规划编制和实施管理工作,为乡村振兴战略实施开好局、起好步打下坚实基础。

2019 年 5 月,自然资源部办公厅印发《关于加强村庄规划促进乡村振兴的通知》(自然资办发〔2019〕35 号),明确了国土空间规划背景下村庄规划的总体定位,即村庄规划是法定规划,是国土空间规划体系中乡村地区的详细规划,是开展国土空间开发保护活动、实施国土空间用途管制、核发乡村建设项目规划许可、进行各项建设等的法定依据;要整合村庄土地利用规划和村庄建设规划,实现土地利用规划和城乡规划的有机融合,进而编制"多规合一"的实用性村庄规划。

2020 年 12 月,自然资源部办公厅印发《关于进一步做好村庄规划工作的意见》(自然资办发〔2020〕57 号),进一步对村庄规划提出了更高的目标要求。《关于进一步做好村庄规划工作的意见》要求要在县、乡镇级国土空间规划中,统筹城镇和乡村发展,合理优化村庄布局;要根据不同类型的村庄发展需要,有序推进村庄规划编制;集聚提升类等建设需求量大的村庄加快编制规划,城郊融合类的村庄可纳入城镇控制性详细规划统筹编制规划,搬迁撤并类的村庄原则上不单独编制规划。拟搬迁撤并的村庄,要合理把握规划实施节奏,充分尊重农民意愿,不得强迫农民"上楼";同时,要严格落实"一户一宅",引导农村宅基地集中布局。

2021 年 2 月,中共中央、国务院印发《关于全面推进乡村振兴加快农业农村现代化的意见》(中发〔2021〕1 号),要求加快推进村庄规划工作。2021 年基本完成县级国土空间规划编制,明确村庄布局分类。积极有序推进"多规合一"实用性村庄规划编制,对有条件、有需求的村庄尽快实现村庄规划全覆盖。对暂时没有编制规划的村庄,严格按照县乡两级国土空间规划中确定的用途管制和建设管理要求进行建设。编制村庄规划要立足现有基础,保留乡村特色风貌,不搞大拆大建。按照规划有序开展各项建设,严肃查处违规乱建行为。健全农房建设质量安全法律法规和监管体制,3年内完成安全隐患排查整治。完善建设标准和规范,提高农房设计水平和建设质量。继续实施农村危房改造和地震高烈度设防地区的农房抗震改造。要加强村庄风貌引导,保护传统村落、传统民居和历史文化名村名镇,加大农村地区文化遗产遗迹保护力度。乡村建设是为农民而建,要因地制宜、稳扎稳打,不刮风搞运动。严格规范村庄撤并,不得违背农民意愿、强迫农民上楼,把好事办好、把实事办实。

2021年4月29日,第十三届全国人民代表大会常务委员会第二十八次会议通过的《中华人民共和国乡村振兴促进法》自2021年6月1日起施行。其中,第7章"城乡融合"里第51条专门对村庄规划作了规定:县级人民政府和乡镇人民政府应当优化本行政区域内乡村发展布局,按照尊重农民意愿、方便群众生产生活、保持乡村功能和特色的原则,因地制宜安排村庄布局,依法编制村庄规划,分类有序推进村庄建设,严格规范村庄撤并,严禁违背农民意愿、违反法定程序撤并村庄。根据此条要求,乡村振兴必须要依法编制村庄规划,做到先规划后建设,由此为实现全面振兴奠定基础。

综上可知,村庄规划是实施乡村振兴战略的基础性工作,是国土空间规划体系中乡村地区的详细规划,是法定规划,是开展国土空间开发保护活动、实施国土空间用途管制、进行乡村建设的法定依据,同时,作为实施乡村振兴战略的重要保障,村庄规划的科学编制与实施对于农村社区的有序建设、传统风貌保护和可持续发展具有引导和调控作用。总之,村庄规划对于理清村庄发展思路、统筹安排各类资源、优化乡村地区生产生活生态空间,保障农民合法权益,引导城镇基础设施和公共服务向农村延伸,推进乡村地区治理体系和治理能力现代化,促进乡村振兴具有重要意义。

## 1.2 基本概念

### 1.2.1 村庄

村庄是人类聚居生活的最原始形态,是最基础的农村居民点。村庄不断发展壮大,人口和经济不断集聚而形成集镇,集镇则进一步发展演变为城市。本质上看,村庄是乡村农耕文化的基本载体,是中国农村的基本空间构成形式,是具有自然和经济社会特征的地域综合体,和城市一样也拥有生产、生活、生态、文化等多种功能,也是人类聚居的一种基本形式和模式。

按照《镇规划标准》(GB 50188—2007)的定义,村庄是人口规模达不到镇乡级别的农村居民点,是农村居民生产、生活的集聚区。在这个集聚空间内,村民的居住设施构成了主体与核心,同时也可能有少量的工业企业和商业等非居住设施。总体上,村庄是人口、设施等规模没有达到国家建制镇标准的农村居民点。具体地,当人口规模不大于 200 时,村庄为小型村庄;当人口规模处于 201—600 时,村庄为中型村庄;当人口规模处于 601—1 000时,村庄为大型村庄;当人口规模大于 1 000 时则为特大型村庄。

与村庄同样广泛使用的是"乡村"一词。村庄与乡村既有区别又有联系,两者都是常用的术语。首先,乡村是一个更为广泛的概念,是以农业生产活动为核心内容的聚落空间,是一个相对城市而言的概念,通常在表达与城市相关的语境中使用。其次,在乡村的概念框架下,村庄是隶属于乡村的,是乡村的一部分,是乡村中的农村居民生产、生活和社会活动的场所。最后,在物质空间构成上,乡村不仅包括了村庄的空间,还包括了村庄以外的农业空间、生态空间,如山水林田湖草等。

## 1.2.2 自然村与行政村

从行政管理的角度看,中国的村庄通常分为自然村和行政村。自然村是由村民经过长时间聚居而自然形成的村落,行政村是乡镇政府管理的一个村级行政单位,一般由一个大一些或几个小一些的自然村组成。行政村是依据《中华人民共和国村民委员会组织法》设立的村民委员会进行村民自治的管理范围,是中国基层的群众性自治单位,建立村委会组织和党的支部委员会,而自然村则不建立。自然村隶属于行政村,受行政村村委会和村党支部的管理和领导。根据目前中国农村的现状,一个行政村包括若干个自然村。整体上,自然村数量大、分布广、规模大小不一,山区中的自然村有的可能仅有一两个住户,而平原地区自然村的人口也可能有数百甚至上千。需指出的是,目前农村统计数据均以行政村为基本统计单元,同时农村各项规划建设也均以村民委员会为实施主体,因此一般在村庄规划时都以行政村为基本规划空间单元。

与自然村和行政村相对应的还有两个概念即基层村和中心村。其中,中心村是指那些具有较大人口规模、较多公共设施,并能辐射、带动、引领周边村庄发展的规划村庄单元,基层村则是中心村以外的规划村庄单元,其接受中心村的辐射和带动。基层村和中心村不是行政管理上的概念,而是村庄规划里由规划师、村民协同划定的规划基本单元,一个村庄根据自身的资源和经济社会发展条件,可以规划为中心村,也可以规划为基层村,此时的基层村和中心村都指的是行政村。此外,中心村还有另一种内涵:通常某个行政村的村民委员会和村党支部委员会所在的村被称为中心村;某个行政村的某个自然村因其人口和用地规模较大、交通区位条件较为优越,也可以被划为中心村。

### 1.2.3　村庄群

除了上述基本概念以外,村庄群也是值得探讨和研究的一个概念。所谓村庄群,就是以一个中心村和若干个基层村为基本单元、共同组成的一个村庄群落。在村庄群中,中心村起着核心与集聚辐射的关键作用,而基层村则构成了村庄群的腹地空间,也是中心村引领带动的对象。村庄群主要用在村庄规划编制工作中,此时,不再以单个村庄作为规划对象,而是以村庄群为规划对象,通过共建共享、节约集约的规划思路,统筹村庄群内的各类国土空间用途,协同布局村庄建设项目,优化安排各项公共服务设施和基础设施,由此实现规划布局一体化、发展建设片区化、公共设施集聚化,进而推动村庄群的集聚集约发展,为整体推进乡村振兴奠定坚实基础。更重要的是,在引入村庄群后,村庄规划编制将更具统筹性、前瞻性与实用性,将能更好地发挥规划的管控、引领与指导作用。进一步,哪些村庄可以构成村庄群? 从目前的实践看,主要有 4 种情况:一是发展水平高的村庄带领周边若干个发展水平低的村庄,帮扶发展,共同构成村庄群;二是以空间相邻的若干个具有一定特色(特色风景、特色文化、特色资源等)的村庄形成村庄群,联合发展,共同推进乡村振兴;三是若干个产业相近的村庄构成村庄群,通过放大产业集聚效应,共建共享,做大做强村庄产业链,协同实现乡村振兴;最后一种是若干空间相邻、发展水平相近的村庄共同构成村庄群,在发展策略、发展布局、项目建设上同步谋划,实现集聚抱团发展。

### 1.2.4　村庄规划

村庄规划是在一定的时间期限范围内,根据上位规划,指导,为实现村庄的特定发展目标和定位,对村庄的国土空间开发和保护、国土空间用途管制、国土综合整治和修复、公共设施和基础设施支撑体系、重大项目布局等所做的统筹布局和具体安排。同城市规划一样,村庄规划也有狭义和广义之分。狭义的村庄规划指的是村民聚居空间的规划,不包括聚居空间以外的农田、林地等农业空间、生态空间的规划。广义的村庄规划不仅仅是村民聚居空间的规划,还包括整个村庄所辖范围(村域)之内的所有空间的规划。从规划对象看,村庄规划包括某个自然村的规划,但更多的是基于行政村的村庄规划。

目前,根据乡村振兴和国土空间规划体系构建的要求,"多规合一"的实用性村庄规划是上述广义的村庄规划,是以行政村为基本规划单元的村庄规划。其规划范围为行政村的全部国土空间,其规划内容主要包括村庄发展定位与目标、国土空间布局与用途管制、国土空间生态修复、基础设施和公共服务设施布局、产业发展、宅基地布局、村庄安全和防灾减灾、农村人居环境整治、近期建设项目安排等内容。通过这些内容的编制,实现村庄规划的"多规合一",同时落实上位国土空间规划的各项要求,并做到与相关专项规划相互衔接。

## 1.3 研究方法

### 1.3.1 系统分析法

村庄规划研究是一个复杂的系统,因此必须以系统论的观点来研究村庄规划的各个子系统及其整体结构。系统分析法是贯穿全书的一个基本研究方法:一方面体现为全书紧扣村庄是一个由人、地构成的系统这一客观事实;另一方面体现为全书紧扣"规划背景—规划理论—规划方法—实践应用"这一村庄规划研究的总体脉络,研究内容具有相对系统性、全面性和层次性,同时全书各个章节的内容在逻辑上也具有较严密的关联性。

### 1.3.2 综合分析法

村庄规划是一个专业领域,如何科学认识和把握其内涵、特点、变化等一直是重点和难点,这就既要有充分严密的定性分析,又要采用尽可能科学地定量计算,更重要的是要把定性分析和定量计算有机结合起来,从而获得对村庄规划更全面、科学的认识和把握。本书中,定性分析主要集中在村庄规划的概念内涵、研究进展和规划流程的归纳、总结和分析上;定量计算主要集中在村庄发展评价、村庄规划分析等方面,将应用一些数学模型和 GIS 空间分析工具。

### 1.3.3 案例分析法

理论研究只有用于实践应用,才能得到检验和完善。村庄规划是一个极具实践性的研究领域,因此必须进行实践案例研究。本书从乡村振兴总体规划、村庄群规划、"多规合一"实用性村庄规划等方面,选择具有代表性的规划实践案例,进行系统、全面的实证应用研究,由此为村庄规划研究和实践提供参考和借鉴。

## 1.4 研究内容

村庄规划是乡村振兴实施的基础支撑,在当前全面实施乡村振兴战略的时代背景下具有特殊而重要的价值和意义,同时也是相关研究和实践的热点和焦点。作为一次学术研究和实践应用的探索和尝试,本书将在相关政策文件要求的指导下,初步在乡村振兴的视角下梳理、归纳和构建村庄规划的理论和技术方法体系,同时开展针对性的实践应用研究,由此为乡村振兴战略的全面实施提供参考和依据。具体地,本书主要内容包括村庄规划理论、村庄规划方法、村庄规划实践三大部分。

1)村庄规划理论

村庄规划理论研究一方面包括基本概念、国内外相关研究进展、村庄规划的基础支撑理论等内容,另一方面包括村庄规划的编制内容、编制流程、编制成果等内容。通过两方面的理论梳理、分析和研究,初步构建村庄规划的理论框架体系,由此为村庄规划实践提供基础支撑。

2)村庄规划方法

针对村庄规划的理论体系,重点聚焦如何编制这一根本问题,提出相应的技术方法,主要包括村庄规划调研方法、村庄规划指标数据处理方法、村庄规划空间分析方法等方面,由此让村庄规划建立在更加科学、理性的基础之上。

3)村庄规划实践

以典型的村庄规划实践案例来进行系统的实证应用研究,将全面分析和论述案例的主要规划内容和成果,由此为案例村庄的发展建设提供决策依据,同时也为其他地区村庄规划的研究和实践提供参考和借鉴。

# 2　研究综述

## 2.1　相关基础理论

### 2.1.1　"人—地"关系

尽管乡村的地域空间范围比城市小,但其本质上和城市一样,也是一个由经济、社会和自然生态环境构成的复杂统一体,是一个复杂的"人—地"系统复合体,是人和自然的有机统一(张晓瑞,2012)。总体上,乡村是环境、经济和社会三大子系统的有机耦合,其中,环境子系统是基础,经济子系统是命脉,社会子系统是主导。三个子系统相互制约、相互影响和相互促进,构成了乡村"人—地"复合体的矛盾运动。

1979年,著名人文地理学家吴传钧院士明确提出了"人地关系系统是地理学研究核心"的观点(方创琳,2004)。人地关系系统是人和地两方面的要素按照一定的规律交织在一起的复杂的开放的巨系统,它以地球表面的一定地区为基础,具有特定的结构、功能机制和空间范围(吴传钧,1991;毛汉英,1995),由此,从地球表层系统到人地关系系统,再到可持续发展形成了地理学研究的一条新主线(陆大道,2002)。本质上看,乡村"人—地"关系也是人和自然关系的生动写照。人和自然的关系问题(自然观)是人们普遍关注的重要哲学命题。马克思、恩格斯深刻地反思过人与自然的关系问题,认为人是自然界长期发展的产物,自然是人类赖以生存和发展的基础,因此,人类应当充分尊重自然界的优先地位和自然界发展的客观规律。

近现代工业社会创造了辉煌的人类文明,而也正是由于科学技术的迅速发展,人类影响和改造自然的能力才有了质的飞跃,从而产生了系统的人工自然界(王金娟,2006)。但是,一个不可否认的事实是,深深根植于工业革命的近现代自然观造成了人与自然的高度对立。近现代自然观由笛卡尔—牛顿的机械论所支撑,它主张通过人对自然的改造确立人对自然的统治地位,是一种以人类中心主义为核心原则的哲学。这种观点把人类的利益绝对化、极端化,忽视了自然生态的利益,在实践中表现为征服自然和剥削自然、不惜破坏生态平衡为代价来谋求人类的福利(傅华,2002;陶在朴,2003)。这就表明,近现代自然观的目的不是人,而是物,它的价值取向是"以物为本"(季爱民,2010)。总之,近现代自然观下的人类社会经济活动带来了高消耗和高污染,把人与自然的对立推向高峰,造成人类生存困境。生态破坏、资源耗竭、环境污染成为危及人类生存发展的全球性问题,从哲学的角度看,这些问题是人与自然、人工自然和天然自然相互冲突的结果。

为了协调工业文明时代人与自然高度对立的关系,经过长期的自觉反思,产生了当下的生态自然观。人们认识到,只有对人工自然创建的模式进行改造,即创造第三类自然——生态自然(肖玲,1997),由此创造基于生态学的生态哲学和生态伦理,并在这种新自然观的指导下进行一场真正具有世界意义的思想革命,从而创造人类文明的新阶段——生态文明。生态自然观从广泛联系的角度研究人和自然的相互作用,它向我们提供了一种新的伦理道德观。它超越了机械论的世界观,是从反自然的哲学走向尊重自然的哲学,从人统治自然到人和自然和谐发展的哲学。生态自然观强调,为了全人类的生存发展,人们必须尊重自然生态系统的权利,实现人对自然的道德义务。在生态自然观的大环境下,人类社会经济的发展必须追求同自然生态系统的协调与和谐发展,人类局部利益不能超越人—自然统一体的整体价值(陈勇,2001)。

从农业时代的朴素自然观、到工业时代的机械自然观、再到后工业时代的生态自然观,人们对自然的态度经历了一个人与自然友好相处、人征服自然、人与自然和谐发展的螺旋上升、否定之否定的过程。这个过程反映了人类逐渐认识自己对待自然的道德问题,即从以人类的利益和权利为中心,即"人为尺度";到以生物的权利为中心;再到以地球生态实体(群落、生态系)和过程(生态过程、自然选择)为中心(彭兆荣,2011)。通过这个漫长而代价沉重的认识、反思过程,人们意识到当前全球发展困境问题的根本解决之路是要重构并正确处理人与自然之间的关系,不仅要开发利用自然,更重要的是要保护和建设自然并树立人与自然和谐发展的价值观。

### 2.1.2 生态文明

"文明"一词具有较多的理解和内涵,但从人类社会发展的角度看,文明主要从社会形态的角度来把握。马克思历史唯物主义认为,社会形态或社会文明可以根据人类实践活动的性质划分为 3 个阶段,即自然是人的主人的第一阶段、人是自然的主人的第二阶段以及人与自然和谐共生的第三阶段(刘士文等,2008)。基于此,人类社会的文明形态可以区分为渐进更替的三大类型,即前工业文明、工业文明和生态文明。生态文明是指人类在实践活动中能自觉地把自然生态环境效应纳入自己的社会经济发展的一种高级文明形态,是对前工业文明、特别是工业文明的扬弃。蒸汽机的汽笛声将人类带入了工业文明时代,工业文明在不到人类历史万分之一的时间里,创造出了比过去一切时代总和还要多的物质财富和精神财富。但是,工业文明也让人类背上了沉重的枷锁和负担,即伴随着社会经济资本高增长的则是自然生态资本的高消耗。这种高消耗已经严重影响了人类的生存和发展,并把人类推到了一个历史的十字路口,让人类面临一次艰难的战略抉择。于是,作为一种全新的文明形态,生态文明登上了历史舞台并逐渐成为一种普照之光。从《寂静的春天》的一声呐喊到罗马俱乐部的探索和警告(李存,1999),再到《人类环境宣言》《我们共同的未来》《21世纪议程》等经典巨著的震撼出世,生态文明逐步成为解决人类生存困境的一场全球性的思想和行动革命,进而把人类文明带入到一个新的历史高度。

总体上看,生态文明是人类在遵循自然规律的基础上,通过自己的实践活动所取得的物质财富与精神财富的总和。同时,生态文明给这种实践活动提出了一个刚性约束,即要在实践活动中达到人与自然的和谐共生与可持续发展,要实现人与人的统一和人与自然的统一。生态文明是一种全新的自然观,其核心目的在于实现人与自然的协调发展。协调体现了人与自然的一种和谐关系,但是,这种协调、和谐的关系并不是人类自觉的行为,而是人类社会在面临一系列全球性、危害人类自身生存发展的生态环境问题后而进行深度反思的结果。可以认为,生态文明就是人类在开发自然、征服自然的过程中面对大自然的报复和惩罚以及全球性的生态环境危机,在不得已而反思自己的行为后做出的"有所为"和"有所不为"。"有所为"和"有所不为"要求既要促进经济社会发展,又要彻底转变发展思路和方式,坚决保护好人类唯一的家园——地球,由此构建人和自然关系的新阶段——生态文明阶段。

生态文明超越了机械论的工业文明,是工业文明的全新"升级版",从控制自然、掠夺自然的反自然哲学走向尊重自然、保护自然的生态哲学,进而从人征服自然、统治自然步入人和自然协调发展的新时代。在生态文明的总体要求下,人类发展再也不能建立在牺牲环境、掠夺自然、破坏生态的基础上,必须与自然建立一种协调、和谐的关系,其根本要求在于人类局部利益不能超越、危害人和自然构成的统一体的整体利益和价值。

中国共产党第十八次全国代表大会首次明确提出要实施经济建设、政治建设、文化建设、社会建设、生态文明建设"五位一体"的中国特色社会主义事业总体布局,这是对之前"三位一体"(经济建设、政治建设、文化建设)和"四位一体"(经济建设、政治建设、文化建设和社会建设)总体布局的重大拓展和升华。由此,生态文明建设首次进入国家发展战略层面,成为中国新时期的国家发展新思路和新目标。

当前,在具体推进生态文明建设的过程中,一个根本做法就是划定生态保护红线。为了把生态文明建设落到实处,党的十八届三中全会第一次提出要划定生态保护红线,由此确保国家经济社会和生态环境实现可持续发展。生态保护红线是继18亿亩耕地红线后另一条被提到国家发展战略层面的"生命线"(李干杰,2014),将在生态文明建设中发挥关键和基础性作用。划定并严守生态保护红线是国家确定的一项重大生态保护制度,要加强生态文明建设,必须要划定生态保护红线,为可持续发展留足空间,为子孙后代留下天蓝、地绿、水清的家园。划定生态保护红线的根本目的在于协调经济社会发展和生态环境保护的矛盾与冲突,进而保育良好的生态环境并提高土地利用效率(张少康等,2014),明确哪些空间必须要保护、哪些可以进行开发,由此做到开发与保护的协调统一。

作为一个新的国家战略层面上的空间管控方法和模式,生态保护红线的研究和实践目前仍处于探索阶段,已有研究主要包括生态保护红线的基础理论和划定技术两大类。在基础理论上,主要探讨生态保护红线的内涵与意义(汪自书,2015)、生态保护红线的框架体系及其与生态环境管理手段的衔接问题(吕红迪等,2014;饶胜等,2012)、从体制机制和综合管理方面探讨生态保护红线的实施管理(于骥等,2015;贺海峰,2013)。在划定技术上,主要有基于生态网络规划成果来划定生态保护红线(王云才等,2015)、基于生态安全格局和生态服务需求来划定生态保护红线(苏同向等,2015)、从风景园林学科的视角探讨生态保护红线的划定策略(林勇等,2016)。总体上,已有研究在关于生态保护红线的重要价值、意义和内涵认识上较为一致,但在划定技术方法上仍处于深化阶段,国家层面上统一的技术方法和标准体系正在建立和完善中(郑华等,2014;喻本德等,2014)。

截至2021年11月,根据自然资源部的公开信息,全国31个省份的生态保护红线划定方案已上报国务院,方案主要有三方面内容构成:一是整合优化以后的自然保护地;二是自然保护地外的生态功能极重要、生态极脆弱的区域;三是目前基本没有人类活动,具有潜在重要生态价值的战略留白区,集中分布于青藏高原、天山山脉、内蒙古高原、大小兴安岭、秦岭、南岭以及黄河流域、长江流域、海岸带等国家重要生态安全屏障和生物多样性优先保护区域。方案涵盖了大部分天然林、草地、湿地等典型的陆地自然生态系统以及红树林、珊瑚礁、海草床等典型的海洋自然生态系统,由此进一步夯实了国家生态安全格局。下一步,自然资源部将结合各级国土空间规划编制,对全国的生态保护红线划定成果进行检验和完善,将其纳入国土空间规划一张底图、作为国土空间用途管制的基本依据;同时,进一步完善生态保护红线相关的管理规则,细化人为活动管控,确保生态保护红线划得实、守得住。

综上,生态文明建设是中国特色社会主义事业的重要内容,关系人民福祉,关乎民族未来,事关"两个一百年"奋斗目标和中华民族伟大复兴中国梦的实现。可以预见,生态文明建设不仅能实现"既要金山银山,又要绿水青山"的战略目标,又必然能为中华民族永享集约高效的生产空间、优美宜居的生活空间、山清水秀的生态空间提供科学的世界观和方法论,必将促进生产方式和生活方式的根本改变,进而促进中国经济社会发展和自然生态环境保护的全新转型,从而为实现真正的可持续发展夯实基础。

### 2.1.3　多规合一

改革开放以来,我国建立了比较完整的规划体系,各类规划在国家治理体系建设中发挥了重要而积极的作用。但是,也存在各种规划之间衔接不够、相互打架以及规划权威性不够、实施管控不力等问题(朱江等,2016;张波,2016)。各类空间性规划在技术方法、标准规范、管理体制等方面不协调不一致的问题日益突出(沈迟,2015),这已经严重影响了国家空间治理效率,不利于经济社会持续健康发展。长期以来,我国的空间性规划逐渐确定了"3＋X"的基本体系,"3"指三大规划,包括国民经济和社会发展规划、城乡规划和土地利用总体规划;"X"指多个重要的专项规划,包括生态环保、交通、水利、林业等。这些规划分别由发改委、住建部,原国土、环保等部门分级制定、实施和监管,各自都拥有固定的编制机构、技术方法和标准规范,都形成一套成熟的规划编制、审批和实施的工作流程,在各自管辖领域内都具有相应的地位和权力。

但是,由于制度带来的条块分割和利益差异,不同部门的不同规划存在着一定的空间冲突,通常存在4个冲突,即目标冲突、内容冲突、管控冲突和参数冲突。这样,在中国的规划领域就客观存在着"九龙治水"和"多国演义"的局面。在实践中,这种局面会陷入规划困境之中,面对各部门的各种规划成果,很容易让开发建设者不知依据何种规划,同时也会让违法建设钻规划漏洞。其结果是一方面可能导致项目重复建设和国家资源资产的浪费与流失;另一方面则对政府的公信力造成负面影响,也影响规划的社会地位和形象。特别地,在当前中国工业化、城镇化已进入转型发展的新阶段,创新驱动发展与体制机制约束的矛盾加剧,资源短缺性及其配置低效性日益凸显,这就使得"多规合一"更受到各级政府和学术界的广泛关注(刘彦随等,2016)。总之,正是因为存在上述愈发明显的弊端,"多规合一"工作才成为国家和社会的强烈需求以及行业、部门和学界的共同呼吁,并成为中国规划体系改革的重要一环。

具体地,"多规合一"工作是指在统一的空间信息平台上,将经济社会发展规划、城乡规划、土地利用总体规划、环保规划等空间性规划进行无缝衔接和协调统一,确保多规确定的目标、规模、结构、布局、项目等空间参数和非空间参数的统一性,由此实现空间布局优化、资源配置有效、空间管控一致的基本目标,进而解决空间规划重叠、冲突和矛盾的突出问题,形成空间开发建设和保护的"一张图",最终为提升政府的空间治理效率和效益奠定基础。虽然"多规合一"是一个新术语,但其拥有丰富的内涵和内容,同时在近年来的研究和实践中,也形成较为系统的框架体系。2014年8月,国家发展和改革委员会、原国土资源部、原环境保护部、住房和城乡建设部等四部委联合发布《关于开展市县"多规合一"试点工作的通知》(发改规划〔2014〕1971号),由此,"多规合一"成为一项"国字号"的重大工作。

单纯从字面上看,"多规合一"就是把多个规划合并成一个,但事实并非如此。首先,按照《关于开展市县"多规合一"试点工作的通知》要求,"多规"指的是中国传统的国民经济和社会发展规划、城乡规划、土地利用规划和生态环境保护规划等四大规划;其次,"合一"是指通过重点找出"多规"中有关空间布局安排不一致的地方,然后通过协调处理而形成一张统一的"空间蓝图",再根据这张"空间蓝图"对"多规"进行联动修改,从而消除"多规"中的空间差异、冲突和矛盾。这就为构建统一衔接、功能互补、相互协调的国土空间规划体系奠定了重要基础。以2018年自然资源部成立为标志,"多规合一"可以划分为两个阶段:一是2018年以前的探索、试点和推广阶段,二是2018年以后的全面落地实施阶段。总体上,2018年以前的阶段可以分为理念酝酿、实践探索和试点推动3个过程(张晓瑞等,2017),具体概述如下:

1)理念酝酿

2003年10月,国家发展和改革委员会提出在江苏省苏州市、福建省安溪县、广西壮族自治区钦州市、四川省宜宾市、浙江省宁波市和辽宁省庄河市6个市县试点"三规合一"工作,即国民经济和社会发展规划、城市总体规划和土地利用总体规划的"三规合一"。至此,关于"多规合一"的相关探讨开始增多。但是,由于缺乏体制保障,这一试点工作没有受到地方政府、规划主管部门的特别重视,改革推进的成效有限,几乎没有出现具有影响力的地方实践。尽管这次试点没有取得理想效果,但也为日后的"多规合一"提供了有价值的探索经验和教训。

2)实践探索

2006年,浙江省住房和城乡建设厅和原国土资源厅联合出台的《关于加强推进县市域总体规划编制工作的若干意见》(浙政办发〔2006〕119号),要求各地加强"两规"(城乡规划和土地利用规划)衔接和联合编制试点工作,并遴选了第一批"两规"联合编制试点县市,具体包括海宁市、温岭市、宁海县、武义县和龙游县等5个市县。2008年,上海、武汉分别合并了原国土和规划部门,并开展"两规合一"的实践探索。2010年,重庆市开展了"四规叠合"工作。2012年,广州市在不打破部门行政架构的背景下,率先在全国特大城市中开展"三规合一"的探索工作,同时于2015年2月正式合并了原国土和规划部门。

3)试点推动

中国共产党第十八次全国代表大会后,国家先后出台一系列强有力的政策措施,大力推动我国空间规划体系改革,"多规合一"工作由此得到了加速推进,连续出台了相关政策文件,主要包括:2014年2月,《国家新型城镇化规划(2014—2020年)》强调要推动有条件地区的经济社会发展规划,城市规划、土地利用规划等"多规合一"。2014年5月,国家发展和改革委员会《关于2014年深化经济体制改革重点任务的意见》(国发〔2014〕18号)中,将"三规合一"作为2014年深化改革的重点任务之一,并指出要进一步明确开展市县的空间规划试点,推动经济社会发展规划、城乡规划、土地利用规划、环境规划的"多规合一"。2014年8月,国家发展和改革委员会、原国土资源部、原环境保护部和住房和城乡建设部四部委联合发布《关于开展市县"多规合一"试点工作的通知》(发改规划〔2014〕1971号),通知明确了开展试点工作的主要任务及措施,并提出在全国28个市县开展"多规合一"试点。2015年5月,中共中央、国务院印发《关于加快推进生态文明建设的意见》(中发〔2015〕12号),强调要强化主体功能定位、优化国土空间开发格局,健全空间规划体系,科学合理布局和整治生产、生活、生态空间。其中特别提出要积极实施主体功能区战略,推动经济社会发展规划、城乡规划、土地利用规划、生态环境保护规划的"多规合一"。2015年10月,中共中央、国务院印发《生态文明体制改革总体方案》(中发〔2015〕25号),提出要整合目前各部门分头编制的各类空间性规划,编制统一的空间规划,实现规划全覆盖;要支持市县推进"多规合一"。2015年11月,党的十八届五中全会审议通过的《中共中央关于制定国民经济和社会发展第十三个五年规划的建议》指出,以主体功能区规划为基础统筹各类空间性规划,推进"多规合一"。为响应国家号召,落实国家政策和文件精神,全国各地也都积极开展了"多规合一"的试点工作(蒋跃进,2014;董祚继,2015),从国家到地方都形成了开展"多规合一"工作的有利局面和社会环境,"多规合一"工作也由此全面进入了试点和推广阶段。

2018年国家机构改革,自然资源部正式组建成立,将原国土资源部的职责,国家发展和改革委员会的组织编制主体功能区规划职责,住房和城乡建设部的城乡规划管理职责,水利部的水资源调查和确权登记管理职责,农业部的草原资源调查和确权登记管理职责,国家林业局的森林、湿地等资源调查和确权登记管理职责,国家海洋局的职责,国家测绘地理信息局的职责进行整合,组建自然资源部,作为国务院组成部门。自然资源部成立标志着我国规划体系改革进入到一个崭新时代,当然,也标志着"多规合一"的试点工作告一段落,正式全面进入了落地实施的新阶段。

可以说,"多规合一"是当前国土空间规划开展的前奏和基础,国土空间规划是"多规合一"的自然延续和必然结果。"多规合一"为当前的国土空间规划体系建设积累了丰富成果,做好了理论、技术、实践上的各种铺垫,必然在中国规划史上留下浓重一笔。"多规合一"工作是解决现实矛盾的产物,也是国家空间治理体系改革发展的一项重要内容。本质上看,"多规合一"工作的重点在于各种各类空间性规划的协调统一,并不是采用"拼凑模式"将所有规划简单地进行合并,也不会取缔任何一个法定规划。随着2018年4月10日自然资源部的挂牌成立,"多规合一"工作的历史使命得以顺利完成,而诞生于"多规合一"基础上的国土空间规划则正式迎来了自己的时代,也由此开启中国规划领域的一个全新格局。

## 2.2 国外的村庄规划

### 2.2.1 美国的村庄规划

总体上看，美国的村庄规划建设是一种典型的基于城乡共生关系的模式(沈费伟等,2016)。这种模式代表了北美地区的乡村治理模式,其大力提倡城乡一体化发展,打造完善的乡村公共服务体系和发达的交通网络,通过城镇带动农村推动农村地区在经济、社会和生态环境上达到平衡和可持续发展,进而实现工业与农业、城市与乡村的共生共赢。

在总体的村庄治理和规划模式上,美国属于自治型,村庄规划由各地负责组织编制和实施。地方政府通过规划展示、解释等手段,向村民宣传规划内容,村民则提出意见、建议并有决定权(杨红等,2013)。在美国的乡村规划选址上,农村居民点选址和建设受到基础设施承载能力约束,只能集中建设在基础设施和公共服务设施覆盖的行政边界内,超过边界则为不合法(叶齐茂,2007;李兵弟,2010)。由于美国的土地产权制度是土地私有制,因此政府向私人购买发展权,土地发展权转移和土地发展权征购制度构成美国土地用途管制的基本手段(张伟等,2016;屈沛翰等,2021)。基于这一土地制度,美国的村庄建设经费主要来自联邦政府、地方政府和开发商。美国制定了多元化的支持乡村建设的规划,目的在于改善乡村生活质量,保护原生态的乡村自然生态环境(龙晓柏等,2018)。在规划原则上,美国的村庄规划普遍遵循4个原则,即满足村民基本需求、尊重乡村传统、保留乡村特色、美化乡村环境(唐任伍,2018)。政府要求村庄规划一旦通过就不得更改,严格按照规划进行建设。在美国,高速公路必须穿越乡村地区,乡村公路的建设标准如宽度、等级、性质等都有详细规定,由此保障乡村地区的交通可达性。除了道路交通外,美国乡村的其他各项基础设施如给排水、电力、电信、燃气等也都进行规划建设,确保乡村生产生活的正常运转。

在空间布局上,美国的村庄规划普遍进行基于土地使用类型的功能分区规划,通常有居住区、商业服务区、农田等功能区,不同的功能区之间用高速公路、乡村道路、绿化带等进行分割和划分。针对一些特殊的村庄,比如贫困村、偏远地区的村庄等,美国也制定了详细的支持规划,重点在投资、项目、政策方面予以帮助和扶持。2010年,美国发起乡村"锋线力量"额外援助倡议计划,目标就是为那些最贫困和偏远的乡村地区提供发展帮助(张雅光,2019)。此外,为了保障乡村规划建设的有序进行,美国制定了较为完善的村庄规划法规体系,按照制定主体分为联邦级别、州级别和地方政府3个层级,其中,涉及乡村规划的联邦层级的乡村法规主要有《农业法案》《土地法》《国家环境政策法》《住房法》等。各个州和地方政府则根据自身的特点和需求,进一步在联邦法规的基础上制定各自的乡村规划法规。

### 2.2.2 欧洲的村庄规划

欧洲传统强国如英国、法国、德国等早已实现了高度城镇化，但同时也保留了一大批小城镇，这些小城镇与其周边乡村一起构成了欧洲城乡一体化发展的主体区域，在这里即使几百人的居民点也能保持美丽舒适，适宜居住生活并满足就业要求（党国英等，2016）。欧洲的村庄规划建设也具有鲜明的特点，而且不同的欧洲国家又具有自身特点。总体上，欧洲的村庄给人们的印象是整洁的村容村貌、特色的风土人情和优美的生活环境，这要得益于欧洲各国极具特色的村庄规划建设体系和模式。本节以英国、法国和德国为例进行分析，具体如下。

英国在第二次世界大战后，颁布实施了第一个农业法，随后在 20 世纪 70 年代又颁布了《英格兰和威尔士乡村保护法》，由此初步奠定了英国乡村规划建设的基本法规体系。2000 年，英国颁布了《英格兰乡村发展计划》，2007 年英国开始落实欧盟《2007—2013 乡村发展七年规划》，这些法规和规划表明英国在乡村规划建设上具有悠久的历史传统和完善的法规支持。总体上，目前的英国构建了基于"中央—郡县—村镇"三级体系的国家规划体系，村庄规划隶属于第三级。英国村庄规划的重点包括 3 个方面（龙晓柏等，2018）：一是加强对土地、土壤环境、水等基本生态环境的保护；二是支持发展各种各样的乡村特色产业，如农业、林业和旅游业等；三是完善村庄的公共服务设施，满足村民的生产生活需求。总体上，英国以保持乡村活力与可持续性为目标（唐任伍，2018），重视乡村规划和建设，走出了一条具有典型英伦特色的乡村多样化发展模式。

法国作为当前欧盟最大的农业生产国，在村庄规划建设上建立了基于农村综合改革的体系和模式（周建华等，2007；周岚等，2014）。20 世纪 50 年代，法国开始农村改革，只用了 20 多年就顺利实现了农业现代化，到 20 世纪 70 年代法国已经成为全球农业最发达的国家之一。法国农村改革的重点是以工补农，发展一体化的现代农业，同时开展领土整治以加快落后的农村地区发展。一体化农业的基本特征是工业和农业有机融合，把农业和相关的工业、商业、交通、金融等部门结成共同体，由此实现以工补农，加快农业的现代化进程。法国政府在 20 世纪 50 年代开始了大规模的领土整治工作，整治的对象则是落后的农业地区。通过国家干预和支持，落后农业地区的经济社会得到了长足发展，实现了法国全国范围内的生产力的合理布局和优化，进而为农业现代化奠定了空间基础。总体上，法国农村改革具有两个显著特点：一是特别重视农村基础设施建设，主要包括农田水利基础设施、农村道路交通设施和通信设施，并将其作为最重要的任务；二是高度重视对新型职业农民的培育（刘益真，2017），建立了多层次、全方位、系统化的农业教育体系，包括农业职业教育、中等农业职业教育和高等农业教育（谭金芳等，2016），打造了农业教育、科研、应用一体化的现代农业教育科研体系,为法国的农村规划建设源源不断地输送各级各类人才。

德国的村庄规划建设也具有显著的特点,其属于一种具有较长时间周期的、循序渐进型的村庄更新(常江等,2006)。德国早在20世纪初就开始了村庄更新行动和计划,并一直延续到现在。在这个漫长的过程中,德国通过不断立法和更新实践,构成一套完整的村庄更新发展路径和做法。1936年,德国颁布了《帝国土地改革法》,开始对农村地区的各类用地进行规划和使用。随后,通过1954年版和1976年版的《土地整理法》,德国逐步将村庄更新在法律法规层面上正式确立下来,由此为全国的村庄规划建设建章立制,形成具有德国特色的村庄规划建设框架体系。开始于20世纪60年代的"巴伐利亚试验"取得极大成功,使农村与城市生活达到"类型不同,但质量相同",即"城乡等值化"的发展目标,并形成"巴伐利亚经验",随之成为德国农村发展的普遍模式(毕宇珠等,2012)。总体上,基于村庄更新的德国村庄规划建设主要包括以下方面:首先,重视村庄公共设施和基础设施建设,并将其作为村庄更新的最基础任务;其次,重视挖掘村庄的特色价值,如生态价值、文化价值等;最后,尽可能延续和保持村庄的地方特色和优势,并以特色和优势来推动村庄的经济社会发展。值得指出的是,德国的村庄更新并不是让乡村消失,恰恰相反,村庄更新是为了让村庄在高度城镇化的背景下得以存续和健康发展。在村庄更新的过程中,德国实现了缩小城乡差距、城乡一体化发展的既定目标。本质上,德国的村庄更新强调农村不仅不是城市的复制品(曲卫东等,2012),而且要通过长周期、长时间的更新行动来提升村庄的经济社会发展水平,同时要保证村庄的特色和优势得以延续和提升,由此使得村庄保持可持续的发展活力。

### 2.2.3 日本的村庄规划

第二次世界大战以后,日本的村庄规划建设进入一个快速发展时期。日本政府和社会各界都高度重视乡村发展建设,这为日本打造完整的村庄规划建设体系奠定了良好的社会氛围。首先,在村庄规划建设的法律法规体系上,日本政府从20世纪50年代开始,先后推出了《农地法》《土地征用法》《农业基本法》《农振法》《土地改良法》《村落地域建设法》《农协法》《市町村合并特别法例》《市民农园整备促进法》等数部法律法规(郭永奇,2013;张雅光,2018),从制度层面对村庄的土地利用、环境建设、土地所有权和使用权确立进行了明确规定,由此基本构建了较为系统的村庄规划建设制度体系。

日本根据本国人多地少、人均耕地面积仅为0.04 hm² 的基本国情(于喆,2019),从全国城乡一体化的角度制定了《全国综合开发规划》,目的在于确保日本的城市和乡村得到充分发展,避免城乡发展的严重脱钩和差距加大。在《全国综合开发规划》的指导下,日本进行了大规模的"市町村大合并"运动。市町村是日本的基层地方自治体,是维系农村社会的基本行政单位,其上面为都道府县和国家,其中,"市"是城市,"町"是城乡之间的地区(相当于中国的镇),"村"是乡村。但是,在日本市町村之间并没有上下级的隶属关系,而是一种相互平行的平级关系。"市町村大合并"运动起源于日本明治维新时期的"明治大合并",发展于第二次世界大战后的"昭和大合并",兴盛于21世纪的"平成大合并",而"平成大合并"是对日本现代农村经济社会发展影响最大的一次(汪洋,2017),直接奠定了21世纪日本城乡一体化发展的基本格局和面貌。

1965年,日本颁布《市町村合并特别法例》,自此日本开始了半个世纪的"市町村大合并"。"市町村合并"是日本村庄规划建设的一个鲜明特点,其目的一方面是缩减市町村的数量,改变原来村庄数量多、但规模小、管理成本大的不利局面,进而通过合并来稳定地方自治制度,平衡城乡发展差距,促进城乡统筹发展;另一方面,通过市町村大合并来加速乡村发展,解决农村人口日益减少、农业用地空置率居高不下的问题。进入21世纪后,日本的"市町村大合并"运动得到了进一步加速,市町村在数量上得到了极大压缩,1888年,日本的市町村数量为71 314个;2007年,日本的市町村数量分别是782个、827个和195个,共计1 804个;而到了2016年,日本市町村数量仅为1 718个(焦必方等,2009;王路曦等,2020)。未来,随着日本经济社会的发展,日本的市町村仍有进一步合并的可能。

在具体的村庄规划建设上,日本同样高度重视村庄的基础设施建设。通过由政府主导的大量投资和村镇综合建设示范工程,日本乡村的人居环境面貌得到了巨大改善,村民的生产生活水平显著提升,也由此在世界乡村发展建设上树立了日本模式。日本村庄规划建设的另一个显著特点是根据村庄的不同特点,因地制宜地打造"一村一品",由此极大地提高了日本的农业竞争力(叶兴庆等,2017)。20世纪70年代末兴起于日本大分县的"一村一品"运动(One Village One Product)极大促进了日本乡村的振兴与可持续发展,其模式也被联合国所认可,并在泰国、马拉维等国推广(李玉恒等,2019)。日本的"一村一品"针对不同类型的村庄进行差别化的规划管理,大力鼓励村庄根据自身特点挖掘本地资源优势,打造各具特色、适宜村庄发展的主导产品和产业(屈沛翰等,2021),由此不断缩小城乡发展差距,建设具有地域特色的乡村社会。

除了上述美国、欧洲和日本的村庄规划建设外,其他国家如荷兰、瑞士、韩国等的村庄规划建设也颇具特色。例如,荷兰通过制定《土地整理法》《空间规划法》等法律法规,加强农村土地利用管理,土地使用规划明确土地布局、土地利用功能和建筑高度以及容积率等,严格控制农地非农化,确保在有限的国土空间内节约集约使用每一块土地,由此为荷兰成为世界农业强国奠定了基础。其他国家的村庄规划建设可参阅相关文献,此处不再赘述。

## 2.3 国内的村庄规划

### 2.3.1 发展历程

中华人民共和国成立以来,中国的村庄规划建设迎来崭新一页。经过70余年的发展,中国的村庄规划体系日渐成熟,规划内容更加丰富,规划作用愈发凸显,已经成为国家规划体系中具有基础性的规划类型之一。总体上,在已有研究成果的基础上(孙莹等,2017;何兴华,2011;舒美荣,2019),结合当前我国村庄规划的发展现状,可以将我国村庄规划的发展历程分为4个阶段,包括起步探索阶段、稳步成长阶段、快速发展阶段和乡村振兴阶段,具体如下。

1) 起步探索阶段

起步探索阶段为1949年到1978年,即1949年中华人民共和国成立到1978年国家启动以家庭联产承包责任制为代表的农村经济改革。这一时期村庄规划总体上处于探索之中,没有形成系统化的规划体制和标准体系,村庄规划在农村发展建设中所起的作用也较弱。在起步探索阶段,有两个重要的节点,即人民公社化运动和"农业学大寨"运动。1958年,人民公社化运动全面展开,在农村开展了一系列规划建设活动,主要包括平整土地、修建道路、水利设施等,这为后来的农业生产奠定了基础。1964年,"农业学大寨"运动在全国铺开,大寨县成为全国村庄规划建设的样本,全国开展了农田水利基本建设,中小学等公共设施得到大力发展,这不仅改变了当时的村庄格局,而且为后续的村庄发展建设积累了经验。

2) 稳步成长阶段

稳步成长阶段为1979年到2000年。自1978年农村经济改革开始后,亿万农民的积极性被充分调动起来,中国农村经济社会得到了迅速发展,这引发了农村地区的大规模建设热潮。为了规范农村建设行为,国家开始组织村镇规划工作。1979年和1981年,国家召开了两次全国农村房屋建设工作会议,要求抓紧制定村镇建设法规,抓好村镇规划工作,由此标志村庄规划正式被提上日程。随后,原国家基本建设委员会、原国家农业委员会于1982年出台了《村镇规划原则》《村镇建房用地管理条例》,为村镇规划编制和村庄规划管理提供了标准和依据。在这两部标准规范的指导下,全国开始了大规模的村庄规划编制。到1986年底,3.3万个小城镇和280万个村庄编制了规划,规划重点聚焦安排农民住宅建设用地,为当时的中国农村规划建设发挥了重要作用。

20世纪80年代后期,随着乡镇企业的发展壮大,国家提出了以小城镇带动农村发展的策略,1998年党的十五届三中全会更是提出了"小城镇大战略"的发展思路,小城镇规划建设成为研究和实践的热点。在这一背景下,村庄规划逐步由之前的聚焦农民住宅规划转向村庄的综合规划,以此来适应与小城镇共同发展的现实需要。这一时期,国家先后出台了一批法律法规,为此时期的小城镇和村庄规划建设提供了法律法规和技术标准支持。国家1986年颁布了《中华人民共和国土地管理法》,1989年颁布了《中华人民共和国城市规划法》,1993年出台了《村庄和集镇规划建设管理条例》,1995年出台了《村镇规划标准》和《建制镇规划建设管理办法》,由此基本形成了一个较为完整的村庄规划建设法律法规和技术标准体系,为我国村庄规划建设的稳步发展奠定了坚实基础。

总体上看,这一时期是村庄规划建设的稳步成长阶段。首先,相关的法律法规和技术标准密集出台,彻底结束了无法无规可依的局面,村庄规划建设得到了有效规范。其次,规划建设实践得到全面开展,随着各地村庄规划编制与实施,全国农村建设广泛铺开,这有力地推动了农村生产生活条件的改善。但也应看到,该时期村庄规划建设仍然是在城乡二元社会的背景下进行的,就城市论城市,就乡村论乡村的固有观念、做法仍然存在,离城乡一体化、城乡统筹发展的要求仍存在差距。

3) 快速发展阶段

2000年以后,到2017年党的十九大召开,这一时期的村庄规划建设进入了一个快速发展的历史阶段。首先,为解决城乡差距加大、城乡对立的问题,国家先后提出了一系列发展新战略、新思路、新政策。2002年党的十六大提出了城乡要统筹发展;2003年,国家提出要工业反哺农村、城市支持农村,农村、农民、农业构成的"三农"问题成为国家的重大政策问题。2005年,党的十六届五中全会提出要建设社会主义新农村,要按照"生产发展、生活宽裕、乡风文明、村容整洁、管理民主"的要求进行建设,这在国家层面上首次将乡村发展提升到国家战略高度,由此为该时期的村庄规划建设高潮形成奠定了基础。2008年,党的十七届三中全会提出要推进城乡一体化发展。党的十八大以后,新型城镇化发展上升为国家战略,"望得见山、看得见水、记得住乡愁"成为乡村发展建设的重要方向。

2008年,《中华人民共和国城乡规划法》颁布实施,这是村庄规划建设历程中的一个重要节点。《中华人民共和国城乡规划法》确定了村庄规划的法定地位,即城乡规划包括城镇体系规划、城市规划、镇规划、乡规划和村庄规划。村庄规划的内容应当包括:规划区范围内的住宅、道路、供水、排水、供电、垃圾收集、畜禽养殖场所等农村生产生活服务设施和公益事业等各项建设的用地布局、建设要求,以及对耕地等自然资源和历史文化遗产保护、防灾减灾等的具体安排。根据《中华人民共和国城乡规划法》,村庄规划与乡镇规划分开编制,乡镇规划包括乡(镇)域规划和镇区(集镇)建设规划,而村庄规划则包括村域规划和村庄建设规划两部分。同时,《中华人民共和国城乡规划法》还明确了村庄规划的制定、实施、修改、监督检查、法律责任等内容。

该时期的村庄规划实践更加丰富,全国各地都结合本地的特点和特色,进行了有意义的村庄规划实践。例如,浙江省安吉县率先提出建设美丽乡村,随后于 2013 年在全国进行推广。浙江省也开展了基于"万村整治、千村示范"的美丽乡村规划建设实践,取得丰富成果,为全国村庄规划建设做出了示范。其他如江苏省开展了现代化新农村建设工程,安徽省进行了美好乡村建设,两省都是根据本地区的村庄特点进行针对性的规划建设,都为缩小城乡差距、打造活力乡村、推进新型城镇化发挥了重要作用。总体上,这一时期的村庄规划已经完全成为一个综合性的规划,再也不是之前那种单纯以村民住房规划为核心的规划模式。同时,该时期的村庄规划积累了丰富的理论研究和实践应用成果,为乡村振兴战略下的"多规合一"实用性村庄规划编制和实践奠定了坚实基础。

### 4)乡村振兴阶段

2017 年 10 月,中国共产党第十九次全国代表大会首次提出了乡村振兴战略,自此乡村振兴成为国家发展新战略,中国的村庄规划建设也正式进入了一个全新的阶段——乡村振兴阶段。2018 年 4 月,自然资源部正式挂牌成立,中国的国土空间规划体系正式开始构建,同时,村庄规划的主管部门也有原来的住房和城乡建设部转为自然资源部,一个乡村振兴战略时代背景下、基于国土空间规划新体系的"多规合一"实用性村庄规划新时代正式拉开帷幕。

2019 年 5 月,自然资源部办公厅印发了《关于加强村庄规划促进乡村振兴的通知》(自然资办发〔2009〕35 号)。这是一个标志性的文件,对村庄规划在乡村振兴战略实施中的地位、作用、形式进行了明确,预示着村庄规划正式进入了乡村振兴的新阶段。首先,文件明确了村庄规划在乡村振兴和国土空间体系中的地位。乡村振兴,规划先行,村庄规划是实施乡村振兴的基础性工作;村庄规划是法定规划,是国土空间规划体系中的乡村地区的详细规划,是基于"多规合一"的实用性村庄规划。其次,给出了村庄规划编制的范围和内容。村庄规划范围为村域全部国土空间,可以一个或几个行政村为单元编制,这就明确了村庄规划的基本单位是行政村,其应由县级人民政府统一部署,县级自然资源主管部门会同有关部门统筹协调,乡(镇)人民政府具体组织编制,报上一级人民政府审批。在规划内容上,要坚持先规划后建设,通盘考虑土地利用、产业发展、居民点布局、人居环境整治、生态保护和历史文化传承。显然,乡村振兴阶段的村庄规划的内容是综合性的,涉及村庄的经济、社会和生态环境等方面。

最后,文件指明了村庄规划的九大任务,包括统筹村庄发展目标、统筹生态保护修复、统筹耕地和永久基本农田保护、统筹历史文化传承与保护、统筹基础设施和基本公共服务设施布局、统筹产业发展空间、统筹农村住房布局、统筹村庄安全和防灾减灾、明确规划近期实施项目。此外,文件还对村庄规划的政策支持、编制要求、组织实施等方面进行了规定和明确,由此基本构建了当前"多规合一"实用性村庄规划编制的内容框架体系,为全面深入开展村庄规划做好了铺垫。

### 2.3.2 实践探索

村庄规划作为国土空间规划体系的重要组成部分,是实施乡村振兴战略的有力保障,是指导乡村建设的法定依据。要坚持规划先行,通过"多规合一"实用性村庄规划编制和实施,优化乡村生产生活生态空间,补齐乡村建设短板,解决乡村"有新房无新村""千村一面"等突出问题,促进乡村振兴战略实施。但是,也应看到,正如国土空间规划一样,"多规合一"实用性的村庄规划也是一个新事物,也需要在实践中不断地进行探索,从而不断加深对其认识和理解,最终建立完整的村庄规划体系。当前,全国各省、自治区、直辖市正在积极开展村庄规划实践探索,并取得丰富成果。限于篇幅,本节以浙江省、安徽省为例,对两省在"多规合一"实用性村庄规划上的探索进行总结,具体如下:

在村庄规划建设方面,浙江省一直走在全国的前列,从千村示范、万村整治到美丽乡村、再到安吉模式、衢州模式等,浙江省发挥了积极的示范和探索作用。在当前的"多规合一"实用性村庄规划方面,浙江省利用自身在村庄规划建设上的丰富经验和扎实基础,全面开始了规划试点工作。2021年5月,浙江省自然资源厅印发了《浙江省村庄规划编制技术要点(试行)》(浙自然资厅函〔2021〕345号),以此为全省实施乡村振兴战略、有序推进"多规合一"实用性村庄规划编制提供总体指导。《浙江省村庄规划编制技术要点(试行)》共包括5章,即总则、工作组织、现状调查与分析、规划内容和成果要求,对村庄规划的编制全过程进行了规定和明确。在规划内容上,浙江省提出了8个方面的村庄规划编制要求,分别是村庄发展目标定位、空间控制底线和强制性内容、用地布局、公共服务设施与基础设施布局、景观风貌与村庄设计要求、区块控制、地块法定图则以及实施项目。这8个方面从宏观的目标定位,到中观的用地布局,再到微观的地块管控,形成逻辑严密、内容丰富的规划编制框架体系,将对村庄发展建设提供可实施、可落地、可操作的指导和管控。在村庄规划成果上,包括规划文本、管制规则、数据库和规划图纸,从文、数、图等方面构成一个完整的规划编制成果。

2021年7月,浙江省自然资源厅印发了《关于科学有序推进村庄规划编制工作的通知》,从深化落实国土空间规划、按需推进"多规合一"实用性村庄规划编制、加强村庄规划管理、加快形成村庄规划编制和实施监督试点经验等方面,提出要高质量推动村庄规划编制工作在乡村振兴、美丽浙江建设上的引领作用。文件要求应按照"按需编制、应编尽编"的原则,对照聚集建设、整治提升、城郊融合、特色保护、搬迁撤并5种村庄类型准确找准定位,构建由"村庄单元—区块管控—地块管控—项目落地"组成的全过程编制管控系统,科学有序推进全省村庄规划编制。此外,文件还提出了要推行规划师下乡制度,即在全省逐步推广"驻镇规划师""社区规划师"和"驻村规划志愿者"制度,结合城市更新行动、乡村振兴、历史文化保护、城乡景观风貌提升、未来乡村建设等工作,建立规划联络员队伍,推动规划专业人才下基层、进社区。在试点方案上,文件要求全省11个设区市按照"多规合一"实用性村庄规划编制要求,每个市择优确定10个(其中舟山市为4个)具有代表性、典型性的村庄(可以一个或几个行政村为单元)作为全省第一批省级试点,由此浙江省在全省范围内开始了"多规合一"实用性村庄规划编制的探索和试点。

安徽省也是较早开展"多规合一"实用性村庄规划试点工作的省份之一。2020年4月,安徽省自然资源厅在全省确定了16个行政村开展省级村庄规划试点工作。2020年8月,安徽省自然资源厅印发了《安徽省村庄规划编制工作指南(试行)》《安徽省村庄规划编制技术指南(试行)》(皖自然资〔2020〕63号),对安徽省"多规合一"实用性村庄规划编制的工作组织、技术标准等进行了规范和明确,用以指导和规范全省"多规合一"实用性村庄规划编制,提高规划编制针对性、科学性和可操作性,提升村庄品质,改善人居环境,塑造乡土风貌,促进乡村振兴。2020年10月,安徽省自然资源厅、农业农村厅联合印发了《安徽省村庄规划试点工作方案》(皖自然资规划〔2020〕1号),对村庄规划试点工作的目标、任务、步骤等进行了详细安排。在具体的任务上,提出了"四个探索"的具体要求,即探索责任明晰的村庄规划组织领导机制、探索科学规范的村庄分类和布局规则、探索实用管用的村庄规划编制技术方法、探索严格高效的村庄规划实施管理制度。

2021年2月,安徽省自然资源厅、发展和改革委员会、财政厅、农业农村厅、文化和旅游厅联合印发了《安徽省村庄规划三年行动计划(2021—2023年)》(皖自然资规划〔2021〕1号),提出要在2023年完成应编村的村庄规划编制和审批,建立"详细规划+规划许可"和"约束指标+分区准入"的用途管制制度并实施。同时,对规划试点工作提出了明确要求,即有省级村庄规划试点任务的市、县(市、区),在省自然资源厅、省农业农村厅等有关部门指导下,组织有关乡镇开展村庄规划编制。市、县(市、区)要结合全域土地综合整治、矿山生态修复、采煤塌陷区综合整治、国土空间生态修复、乡村旅游发展等开展本级村庄规划试点,市级试点村庄数量不少于5个,县(市、区)试点村庄数量不少于2个。2021年8月,为指导和规范全省"多规合一"实用性村庄规划编制及报批工作,规范村庄规划报批成果,安徽省自然资源厅印发了《安徽省村庄规划报批审查要点》(皖自然资规划〔2021〕5号),进一步对村庄规划编制提出了明确要求。文件要求要重点从成果完整性、内容合规性、方案合理性等三大方面进行规划审查,对重点发展或需要进行较多开发建设、修复整治的村庄,编制综合性村庄规划的,规划成果应当按照上述三大方面内容进行严格审查。对较少开发建设或只进行简单的人居环境整治的村庄,编制简单性村庄规划的,应重点审查生态保护红线、永久基本农田控制线、村庄建设边界、乡村历史文化保护线、地质灾害和洪涝灾害风险控制线、建设管控和人居环境整治要求等内容。

# 3　村庄规划编制体系

当前，在乡村振兴的时代背景下，"多规合一"实用性村庄规划成为当前中国村庄规划编制与实施的核心与主体。但国家尚没有出台统一的"多规合一"实用性村庄规划编制的技术规范和标准，全国各地也都在积极探索。作为学术研究，本章在已经出台的国家相关文件的基础上，尝试分析构建"多规合一"实用性村庄规划编制体系，以期为村庄规划研究和实践提供参考。

## 3.1　总体概述

村庄是中国县级行政区的基本构成要素。村庄规划不仅仅是一个单独村庄的规划，它既要要考虑村庄本身，又要考虑村庄所在的区域发展格局，只有这样才能编制一个好用、能用、管用的村庄规划。从此观点出发，结合当前村庄规划的时代背景和国家要求，可以构建基于"乡村振兴总体规划—村庄群规划—村庄规划"的三级规划体系，由此从宏观的乡村振兴层面、中观的村庄群层面和微观的村庄个体层面构建一个村庄规划编制的框架体系，从而为乡村振兴国家战略的实施、"多规合一"实用性村庄规划编制奠定总体基础。

首先，乡村振兴是当前中国村庄规划编制最重要的时代背景和战略需求，村庄规划的最重要功能就是在最基层的村庄地区落实乡村振兴国家战略，推进乡村振兴全面实施。因此，乡村振兴总体规划必然成为村庄规划最直接的上位规划。特别指出的是，县级和乡镇级的国土空间规划也是村庄规划的上位规划，其重点从空间布局和发展上为村庄规划提供方向和蓝图，如永久基本农田控制线和生态保护红线的范围、村庄建设用地的规模指标等。但是，由于国土空间规划体系正在构建中，县级和乡镇级国土空间规划也正在编制中，其内容目前仅可为村庄规划编制提供重要参考和依据。随着县级和乡镇级国土空间规划完成审批并实施，国土空间规划也成为村庄规划编制的重要上位规划。

其次，村庄群作为农村地区内多个村庄的集合体，正成为当前村庄加快实施乡村振兴、促进共同富裕的一个有效手段，编制村庄群规划具有强烈的实践需求。同时，由于村庄数量多，每个村庄都编制规划需要大量的人力、物力和财力,因此有必要把处于同一地区内的、在经济社会发展和空间格局上具有共同特点的若干个村庄(村庄群)进行统一规划,这样既能节省规划编制所需的资源和成本,又能提高规划编制的针对性和时效性。最后,对于村庄个体来说,当它不能纳入村庄群规划时,就必须编制单独的村庄规划。此外,对于村庄群中的某个村庄,由于具有特殊地位、拥有特色资源和优势等原因,也可以单独编制更为具体和细致的村庄规划。

综上,根据当前乡村振兴的时代背景和要求,可以构建基于宏观乡村振兴总体规划、中观村庄群规划和微观村庄个体规划的村庄规划编制体系。乡村振兴总体规划为村庄规划提供了总体格局、定位、方向和指引,村庄群规划则承上启下,既可以落实乡村振兴总体规划,又可以指导村庄个体规划,而村庄个体规划则是最基础的规划层级,是规划体系传导的落脚点。再次强调的是,由于村庄规划是当前国土空间规划体系的一部分,是国土空间规划在农村地区的法定规划,因此,基于"乡村振兴总体规划—村庄群规划—村庄规划"的三级规划体系是一次理论探索,仍要和目前正在编制的县级、乡镇级国土空间规划保持协调,由此必须要落实县级、乡镇级国土空间规划提出的空间布局、空间发展方向和任务。从此点看,本书不仅可为村庄规划编制提供理论方法和实践借鉴,也可为丰富国土空间规划体系研究提供参考。

## 3.2 乡村振兴总体规划编制

乡村振兴总体规划要按照产业兴旺、生态宜居、乡风文明、治理有效、生活富裕的总体要求,在科学把握乡村发展规律的基础上,对实施乡村振兴战略作出阶段性谋划,明确规划期内的目标任务,细化实化工作重点和政策措施,部署重点工程、重点计划、重点行动,确保乡村振兴战略落实落地。乡村振兴总体规划是指导各级各部门分类有序推进乡村振兴、促进农业农村现代化的重要依据和行动指南,是编制各级各类村庄群规划、村庄规划的指导和依据。总体上,乡村振兴总体规划编制的主要内容可以归纳为六方面,包括基础分析、总体要求、总体格局、五大振兴、乡镇指引、规划实施。

### 3.2.1 基础分析

基础分析是乡村振兴总体规划编制的首要内容,其内容主要包括规划编制的意义、乡村振兴的基础条件、面临的机遇和挑战。通过基础分析,可以在总体层面上明确乡村振兴规划编制的时代背景、要求和条件,为确定发展目标和格局奠定基础。

1）规划编制的意义

乡村振兴总体规划是某一地区实施乡村振兴战略的总体纲领和指导，具有全局性、战略性、引领性的重大意义。一般地，乡村振兴总体规划编制的意义包括三方面。首先，规划是落实国家乡村振兴战略的重大决策部署，通过规划编制和实施，全力推进乡村振兴，积极开拓乡村振兴发展的地域模式，从而打造符合当地发展特点的乡村振兴样板。其次，规划是解决人民日益增长的美好生活需要和不平衡不充分发展之间矛盾的必然要求。通过规划编制和实施，统筹推进农村经济、社会、政治、文化和生态建设，加快补齐农业农村发展短板，推进城乡基础设施互联互通，提高城乡基本公共服务均等化水平，从而促进城乡一体化融合发展。最后，规划是推进地区转型升级发展的重要路径。农业农村是国民经济的基础，是现代化经济体系的重要组成部分，其可持续发展关系到地区兴衰。因此，通过规划编制和实施，全面深入推进农业供给侧结构性改革，加快一、二、三产业深度融合发展，有利于激发地区发展的内生动力和活力，从而助推地区的转型升级发展。

2）乡村振兴的基础条件

乡村振兴的基础条件主要包括乡村拥有的各种资源条件和乡村在经济、社会、生态环境等方面取得的成就。通常，乡村振兴的基础条件可以从产业、生态、文化、组织、人才等五大方面进行分析，从而为规划编制提供翔实的基础信息。产业方面要重点分析农业资源、主导产业、农业产业平台的现状特点和规模，生态方面要重点梳理农村人居环境整治、生态环境保护取得的主要成绩，文化方面可以从农村精神文明建设、农村文化事业发展、文化旅游融合发展方面进行分析，组织方面要重点分析农村基层党组织和乡村治理体系的建设情况，人才方面则要系统梳理招才引智、专家帮扶、人才培养培训等取得的成绩。

3）面临的机遇和挑战

机遇方面重点分析规划期内的各种有利条件，包括政策支持、重大项目、交通区位条件改善等方面。在政策支持上，各种推动地区经济社会发展和促进资金、人才、科技、产业向农业农村流动的政策措施都是有利条件。此外，区域协调发展的重大战略部署也是一种重要的政策支持。在重大项目上，各种能源、交通、水利等基础设施建设项目将能有效拉动地方经济社会发展，成为乡村振兴发展的重要机遇和有利条件。交通区位也是一个要着重分析的机遇条件，例如高铁、高速公路开通后将能大大缩短某个地区与外部地区之间的时空距离，由此必然对地区经济社会发展和乡村振兴带来显著的推动效应。挑战主要包括面临的发展短板和不利条件，可以从农业经济总量、农业产业链、公共设施建设等方面进行分析。农业经济总量分析主要包括规模、在国内生产总值（GDP）中的比重、与同类型地区的横向比较等；农业产业链要分析产业链的规模化、集约化水平和产业链的市场竞争力；公共设施包括农田水利基础设施和卫生教育等农村公共服务设施,要梳理其现状规模和存在的短板问题。

### 3.2.2 总体要求

乡村振兴总体规划的总体要求部分包括规划的指导思想、基本原则、规划目标、规划指标体系等内容。其中,指导思想是纲领性的总论,基本原则是规划编制所要遵循的基本准则;规划目标即规划所要达到的状态和格局;规划指标是规划目标的细化和具体化,是一系列可度量、可比较的发展指标。

1) 指导思想

指导思想要能概括规划的总体思路和目标,由此说明规划的核心价值和意义。通常,乡村振兴总体规划的指导思想是:坚持把解决好"三农"问题作为工作重中之重,坚持农业农村优先发展,按照产业兴旺、生态宜居、乡风文明、治理有效、生活富裕的总要求,建立健全城乡融合发展体制机制和政策体系,统筹推进农村经济建设、政治建设、文化建设、社会建设、生态文明建设和党的建设,加快推进乡村治理体系和治理能力现代化,加快推进农业农村现代化,全面实现乡村产业振兴、生态振兴、文化振兴、组织振兴和人才振兴,让农业成为有奔头的产业,让农民成为有吸引力的职业,让农村成为安居乐业的美丽家园。

2) 基本原则

按照国家关于乡村振兴战略的总体要求,乡村振兴总体规划编制应遵循五大基本原则。首先,要坚持党的领导,健全完善党的农村工作领导体制机制,做到认识统一、步调一致,为乡村振兴提供坚强有力的政治保障。其次,要坚持村民的主体地位,切实发挥村民在乡村振兴中的主体作用,充分尊重村民意愿,让广大村民在乡村振兴中有更多获得感、幸福感、安全感。第三,要坚持城乡统筹,完善城乡融合发展的体制机制和政策体系,促进更多优质资源要素向乡村流动,增强农业农村发展活力,形成工农互促、城乡互补、全面融合、共同繁荣的新型工农城乡关系。第四,要坚持生态优先,统筹山水林田湖草系统治理,严守永久基本农田和生态保护红线,以绿色发展引领乡村振兴。最后,要坚持全面振兴,乡村振兴是一项系统工程,是乡村产业、生态、文化、组织、人才的全面振兴,要实现五大振兴的协同发展。应指出的是,这五大基本原则是一个基本框架,在具体规划编制实践中,应根据规划区域的特点和要求,增加或减少相应的基本原则。

3) 规划目标

乡村振兴总体规划的目标应包括近期目标和远期目标,近期目标对应于规划的近期如 2025 年,远期目标对应于规划的远期如 2035 年。总体上,规划目标可以按照产业、生态、文化、组织、人才等五大乡村振兴在近期和远期要达到的状态和格局来逐一论述,由此构成规划的目标体系,具体可参考表 3-1。

表 3-1 乡村振兴总体规划目标

| 总体目标 | 分类目标 | 具体目标 |
|---|---|---|
| 乡村振兴总体规划目标 | 产业 | 农业综合生产能力稳步提升,农村一、二、三产业融合水平进一步提升,现代农业体系基本确立 |
| | 生态 | 美丽乡村建设全面推进,农村人居环境和生态环境持续改善,生态服务能力进一步提高 |
| | 文化 | 农村优秀传统文化得以传承和发展,农民精神文化生活需求得到满足 |
| | 组织 | 农村基层组织建设进一步加强,现代乡村治理体系进一步完善 |
| | 人才 | 农村的人才吸引力逐步增强,专业人才培养和培训能力持续提高 |

4) 规划指标

规划指标是规划目标的具体化,一般可按照产业兴旺、生态宜居、乡风文明、治理有效、生活富裕这 5 个乡村振兴战略的总体要求来进行指标遴选,从而构建具体的规划指标体系。在指标的属性上,一般有约束性和预期性两大类:前者是规划期内必须完成的指标,后者则具有弹性。具体的规划指标体系可参考表 3-2。

表 3-2 乡村振兴总体规划指标体系一览表

| 分类 | 序号 | 主要指标 | 单位 | 目标 | 属性 |
|---|---|---|---|---|---|
| 产业兴旺 | 1 | 粮食综合生产能力 | 亿斤 | — | 约束性 |
| | 2 | 农业科技进步贡献率 | % | — | 预期性 |
| | 3 | 农田灌溉水有效利用系数 | — | — | 预期性 |
| | 4 | 农业劳动生产率 | 万元/人 | — | 预期性 |
| | 5 | 农业机械化率 | % | — | 预期性 |
| | 6 | 农产品加工与农业总产值比 | — | — | 预期性 |
| | 7 | 农村产品网络销售额 | 亿元 | — | 预期性 |
| | 8 | 休闲农业和乡村旅游人次 | 万人次 | — | 预期性 |
| 生态宜居 | 9 | 畜禽粪污综合利用率 | % | — | 约束性 |
| | 10 | 农作物秸秆综合利用率 | % | — | 预期性 |
| | 11 | 村庄绿化覆盖率 | % | — | 预期性 |
| | 12 | 对生活垃圾进行处理的村占比 | % | — | 预期性 |
| | 13 | 农村卫生厕所普及率 | % | — | 预期性 |

| 分类 | 序号 | 主要指标 | 单位 | 目标 | 属性 |
|---|---|---|---|---|---|
| 乡风文明 | 14 | 村综合文化服务中心覆盖率 | % | — | 预期性 |
| | 15 | 县级及以上文明村和乡镇占比 | % | — | 预期性 |
| | 16 | 农村学校专任教师本科以上学历比例 | % | — | 预期性 |
| | 17 | 农村居民教育文化娱乐支出占比 | % | — | 预期性 |
| 治理有效 | 18 | 村庄规划管理覆盖率 | % | — | 预期性 |
| | 19 | 达到标准化社区服务中心(站)的村占比 | % | — | 预期性 |
| | 20 | 村党组织书记兼任村委会主任的村占比 | % | — | 预期性 |
| | 21 | 有村规民约的村占比 | % | — | 预期性 |
| | 22 | 集体经济强村占比 | % | — | 预期性 |
| 生活富裕 | 23 | 农村居民恩格尔系数 | % | — | 预期性 |
| | 24 | 城乡居民收入比 | — | — | 预期性 |
| | 25 | 农村居民人均可支配收入 | 元 | — | 预期性 |
| | 26 | 农村自来水普及率 | % | — | 预期性 |
| | 27 | 具备条件的建制村通硬化路比例 | % | — | 约束性 |

### 3.2.3 总体格局

总体格局首先指乡村振兴战略实施的总体空间结构,即不同的空间承担不同的乡村振兴任务,哪些空间是核心支撑,要打造形成哪些发展带、轴、组团和片区,由此形成包括点、线、面在内的乡村振兴空间格局。其次,乡村振兴总体规划中的总体格局还包括国家要求的四类村庄的划分情况,即集聚提升类村庄、城郊融合类村庄、特色保护类村庄和搬迁撤并类村庄的划分情况。

1)集聚提升类村庄

集聚提升类村庄指现有规模较大的中心村和其他仍将存续的一般村庄,占乡村类型的大多数,是乡村振兴的重点。要科学确定村庄发展方向,在原有规模基础上有序推进改造提升,激活产业、优化环境、提振人气、增添活力,保护保留乡村风貌,建设宜居、宜业的美丽村庄;鼓励发挥自身比较优势,强化主导产业支撑,支持农业、工贸、休闲服务等专业化村庄发展;加强海岛村庄、国有农场及林场规划建设,改善生产生活条件。

2)城郊融合类村庄

城郊融合类村庄指城市近郊区以及县城城关镇所在地的村庄,具备成为城市后花园的优势,也具有向城市转型的条件。要综合考虑工业化、城镇化和村庄自身发展需要,加快城乡产业融合发展、基础设施互联互通、公共服务共建共享,在形态上保留乡村风貌,在治理上体现城市水平,逐步强化服务城市发展、承接城市功能外溢、满足城市消费需求能力,为城乡融合发展提供实践经验。

3)特色保护类村庄

特色保护类村庄包括历史文化名村、传统村落、少数民族特色村寨、特色景观旅游名村等自然历史文化特色资源丰富的村庄,是彰显和传承中华优秀传统文化的重要载体。要统筹保护、利用与发展的关系,努力保持村庄的完整性、真实性和延续性;切实保护村庄的传统选址、格局、风貌以及自然和田园景观等整体空间形态与环境,全面保护文物古迹、历史建筑、传统民居等传统建筑;尊重原住居民生活形态和传统习惯,加快改善村庄基础设施和公共环境,合理利用村庄特色资源,发展乡村旅游和特色产业,形成特色资源保护与村庄发展的良性互促机制。

4)搬迁撤并类村庄

搬迁撤并类村庄包括位于生存条件恶劣、生态环境脆弱、自然灾害频发等地区的村庄,因重大项目建设需要搬迁的村庄,以及人口流失特别严重的村庄。可通过易地扶贫搬迁、生态宜居搬迁、农村集聚发展搬迁等方式,实施村庄搬迁撤并,统筹解决村民生计、生态保护等问题。拟搬迁撤并的村庄,要严格限制新建、扩建活动,统筹考虑拟迁入或新建村庄的基础设施和公共服务设施建设;坚持村庄搬迁撤并与新型城镇化、农业现代化相结合,依托适宜区域进行安置,避免新建孤立的村落式移民社区。搬迁撤并后的村庄原址,要因地制宜复垦或复绿,增加乡村生产空间、生态空间。农村居民点迁建和村庄撤并,必须尊重农民意愿并经村民会议同意,不得强制农民搬迁和集中上楼。

乡村振兴总体规划要对规划区内的村庄进行四类村庄的划分,而每类村庄在具体的乡村振兴路径上将有所不同,发展的重点和方向也将不同。因此,从此点看,乡村振兴总体规划必然要成为村庄群规划、村庄规划的上位规划,这也是本书将乡村振兴总体规划纳入村庄规划体系的重要原因。

乡村振兴总体格局中,除了上述空间结构和四类村庄划分以外,根据需要,还可能要进行村庄群的划分,即把规划区内的所有村庄按照一定的原则(如空间相邻、产业相关等)划分成若干个片区,每个片区构成一个村庄群,由此为下一步的乡村振兴实施和村庄规划编制提供基本框架。

## 3.2.4　五大振兴

根据国家乡村振兴战略实施的总体要求,乡村振兴包括产业振兴、生态振兴、文化振兴、组织振兴、人才振兴等五大振兴。五大振兴是乡村振兴战略的支撑点和落脚点,也是各级乡村振兴总体规划编制的最核心内容之一。只有把五大振兴做实做牢,才能真正全面地实现乡村振兴。

1）产业振兴

产业振兴是乡村振兴的经济基础。要坚持农业农村优先发展,以乡村产业全产业链打造为核心,培育新动能、新业态,促进农村一、二、三产业融合,推动乡村产业高质量发展,构筑乡村产业发展新高地,为农业农村现代化和乡村全面振兴奠定坚实基础。产业振兴要重点从构建现代农业产业体系、优化产业空间布局、打造乡村文化旅游品牌等三大方面着手。具体的乡村产业振兴路径要根据乡村产业发展基础和特点来决定,既可以是三大方面的齐头并进,也可以是某一方面重点发展。

2）生态振兴

生态振兴是乡村振兴实现可持续发展的生态之基。要统筹山水林田湖草系统治理,围绕规划区的农业绿色发展、改善农村人居环境、乡村生态保护与修复、加快补齐农村人居环境短板等方面,全面提升农村人居环境质量,建设绿色发展、美丽宜居的现代化新农村,全面实现乡村生态振兴。

3）文化振兴

文化振兴是乡村振兴的精神内涵和思想灵魂。要以加强农村思想道德建设为引领,繁荣乡村文化事业,发展乡村文化产业,积极创新探索新时代乡村文化振兴。要坚持以人民为中心的发展思想,以新时代文明实践和文明村镇创建为主抓手,依托规划区的历史文化传统和底蕴,实施文化振兴,让乡村更有光芒、更有风骨、更有气质、更有灵魂、更有活力。

4）组织振兴

组织振兴是乡村振兴的制度保障。要牢牢把握国家乡村振兴战略的总体要求,以实现乡村治理体系和治理能力现代化为目标,以提升基层党组织的组织力为重点。通过大力实施乡村组织振兴,使村级党组织建设全面过硬,农村带头人队伍更加坚强,村民道德素养不断提升,乡村法治机制不断完善,村民自治制度充满活力,乡村政治生态风清气正,由此为全面深入贯彻落实乡村振兴各项工作任务提供坚强的组织保障。

5）人才振兴

人才振兴是乡村振兴的智力基础。要大力培养本土人才,引导城市人才下乡,推动专业人才服务乡村,为全面推进乡村振兴、加快农业农村现代化提供人才支撑。通过组织实施乡村人才振兴,使相应的制度框架和政策体系要基本形成,懂农业、爱农村、爱农民的"三农"工作队伍基本建立,各类人才支持服务乡村的格局初步形成,基本实现乡村人才振兴。

### 3.2.5 乡镇指引

乡镇指引是乡村振兴总体规划的向下传导,重点为规划区内各个乡镇的乡村振兴发展提供总体性、方向性的指导和建议。通常,乡镇指引包括优势特色、现状问题、发展定位、振兴格局等内容。

1）优势特色

优势特色即各个乡镇在乡村振兴发展过程中的特色资源、要素和有利条件,是确定乡镇发展定位和振兴格局的重要基础和依据,也是乡村个性化发展的主要支撑。

2）现状问题

要摸清各个乡镇在实施乡村振兴过程中存在的问题和短板,如产业发展问题、交通问题、公共设施配套问题等,从而为制定针对性的措施提供第一手的信息。

3）发展定位

要基于各个乡镇的优势和特色、现状问题和短板,结合自身和区域的经济社会发展态势,根据相关上位规划和对未来发展的评估和预期,明确各个乡镇的发展目标和方向。

4）振兴格局

各个乡镇在乡村振兴战略实施过程中要打造形成的空间结构体系,包括核心支撑空间、辅助空间以及相应的发展轴带、组团和片区等空间组织形态和空间要素配置结构,由此为乡村振兴提供合理可行的空间支撑体系。

### 3.2.6 规划实施

规划实施要提出乡村振兴总体规划实施的各项行动计划和保障措施。行动计划主要指按照五大振兴的要求,提出规划期内要开展的各项建设任务和重点工程,主要包括产业振兴类项目、生态振兴类项目、文化振兴类项目以及支撑组织振兴和人才振兴的各种制度性安排和政策措施,由此为实现规划目标奠定基础。

保障措施是确保规划顺利实施的一揽子支撑政策和措施,通常包括组织领导、要素保障、监督考评等各类保障措施,从而为乡村振兴总体规划落地实施保驾护航。组织领导措施要明确乡村振兴的领导机构和领导责任,为高效协调推动规划实施提供组织保障。要素保障主要包括用地保障和资金保障;其中用地保障要紧密围绕五大振兴要求和项目建设,密切对接国土空间规划,以促进土地集约节约利用为原则,依法依规保障乡村振兴各类用地需求。资金保障要积极争取上级政府的资金支持,做好同级政府的资金配套,确保乡村振兴资金供给,优化投融资环境,加强社会资本引导,为乡村振兴发展提供资金支持和保障。监督考评是指要科学设计和构建监测评价指标体系,开展年度监测和跟踪分析,客观衡量乡村振兴总体规划的进展情况和实施水平;要落实好各级党政领导班子和领导干部推进乡村振兴的实绩考核制度,加强考核结果运用,将考核结果作为综合考核评价党政领导班子和领导干部的重要参考以及乡村振兴奖励资金分配使用的重要依据;探索建立相关部门推进实施乡村振兴战略的考核评价机制,强化规划实施的跟踪分析,完善规划指标体系的评价和统计制度,加强规划实施的中期和后期评估。

## 3.3 村庄群规划编制

村庄群本质上是若干个地域上相互邻近、经济社会发展密切相关的村庄构成的统一体。但从村庄规划研究和实践领域看,村庄群则是一个新概念和新形式,正处于研究和实践探索之中。本节尝试提出并构建村庄群规划编制的框架体系和相应内容,以期为村庄规划领域的研究和实践提供参考和借鉴。

总体上,村庄群规划编制的主要内容可以归纳为四方面,包括基础分析、定位目标、规划布局、规划实施。其中,基础分析包括规划背景和范围分析、现状条件分析、村庄群中的各个村庄特色分析、公共调查分析等内容,总体要求包括村庄群规划的总体定位、发展目标等纲领性内容。规划布局是村庄群规划的核心内容,主要包括国土空间管控、产业空间布局、全域景观规划和公共设施规划。规划实施要重点提出村庄群运营和营销的内容和方向,为打造村庄群构建实施保障体系。

### 3.3.1 基础分析

基础分析是村庄群规划的重要支撑,它可以明确为什么打造村庄群,村庄群包括哪些村庄,打造村庄群的现状条件有哪些,构成村庄群的各个村庄有哪些特点和特色。基础分析可以为村庄群发展定位、目标和规划布局提供坚实的决策依据。

1)规划背景和范围

规划背景给出编制村庄群规划的原因,既可以是上位规划如乡村振兴总体规划中确定的村庄群,也可以是因政府相关政策要求而确立的村庄群。规划范围即村庄群的规划区域,包括哪些村庄,是一个明确的地理空间范围,一般是若干个行政村村域的全部国土空间。

2)现状条件分析

村庄群的现状条件分析主要包括现状的自然条件分析、土地利用分析、道路交通分析、公共服务设施分析、产业经济分析、文化资源分析、村庄建设分析等,最后要在各项现状分析的基础上给出村庄群发展现状的综合评估。

3)村庄特色分析

构成村庄群的各个村庄在发展条件、发展资源要素上均具有各自的特色和特点,因此,要对各个村庄的特色和特点进行逐一分析和挖掘,由此明确每个村庄的发展优势和短板。

4)公共调查分析

为了进一步摸清村庄群的发展现状和村民需求,在条件允许时还应进行公共调查分析,通过发放调查问卷来获得广大村民对规划的意见和建议,由此为规划编制提供更为翔实的基础资料和信息。

### 3.3.2 定位目标

定位目标是村庄群在规划期内要达到的状态、格局以及在区域城乡体系中的地位,它在村庄群规划中具有纲领性、引领性的战略地位和作用,将为具体的规划布局提供一个总体框架和基本结构。定位目标可以按照村庄群的总体定位、总体目标和各村定位 3 个层面进行系统分析。

1) 总体定位

通过基础分析,结合相关规划和政府要求,在总体层面上对村庄群的发展进行科学定位。本质上,总体定位是村庄群在不同的空间尺度上所承担的不同角色和职能。因此,通常可以按照不同的空间尺度对村庄群进行总体定位,即在乡镇层面、县(区)层面、市域层面等不同等级的空间尺度上给出村庄群的定位。

2) 总体目标

村庄群规划的目标同样可分为近期目标和远期目标。近期目标是村庄群在规划近期如 2025 年所要达到的目标,远期目标则是村庄群在规划期末如 2035 年预期达到的目标。目标可以是经济社会发展目标或生态环境目标,也可以是经济社会和生态环境的综合发展目标,在具体规划时要进行具体分析。

3) 各村定位

在明确村庄群的总体定位、总体目标后,要进一步对各个村庄的发展进行定位,由此体现统一性与差异性的要求。统一性指各个村庄在村庄群这个统一体上有着共同的定位和目标,差异性指各个村庄由于自身特色和特点的不同而有着不同的发展定位,应体现统一中有变化、变化中实现统一的基本思路。

### 3.3.3 规划布局

规划布局是村庄群规划的核心内容,要紧密围绕定位目标来展开,要以村庄群规划范围内的国土空间管控为中心,以产业空间布局、全域景观规划和公共设施规划为三大基本支撑,构成基于"1+3"的基本架构体系,由此奠定村庄群规划布局的基本内容。

1) 国土空间管控

国土空间管控主要从国土空间结构、国土空间布局、国土空间控制线体系三方面展开。国土空间结构是规划要打造的国土空间开发与保护的总体格局。国土空间布局是在总体格局架构下的具体空间布局。国土空间控制线体系构成刚性的约束体系,包括永久基本农田、生态保护红线和村庄建设用地边界三大控制线。永久基本农田和生态保护红线构成村庄群国土空间中的保护空间,而村庄建设用地边界则是村庄群国土空间中的开发空间,三者共同给出村庄群国土空间开发与保护的总体格局,为村庄群的开发建设和保护提供了明确的空间范围和边界控制线。

2) 产业空间布局

在国土空间管控划定的开发保护总体格局下,要根据各个村庄群的产业基础和主导产业方向,统筹布局村庄群的产业项目。要重点围绕现代农业产业链来遴选项目,突出农业、农旅两大产业方向,打造村庄群的重大产业项目体系,为村庄群的经济社会发展夯实经济基础。

3) 全域景观规划

作为一个有机整体,村庄群的景观风貌体系必然成为一个重要的规划内容。不同村庄具有不同的景观风貌,但在村庄群这个统一体内应作为一个整体进行打造。具体规划时,可以从村庄、道路、河道、庭院、田园等关键景观要素入手,进行整体规划,系统打造具有村庄群总体特色的景观风貌体系。

4) 公共设施规划

公共设施是村庄群的基础支撑,主要包括公共服务设施和基础设施两大部分。公共服务设施主要包括管理、教育、卫生、文化、体育、商贸等设施,基础设施主要包括交通设施、给水设施、排水设施、电信设施、环卫设施等。进行公共设施规划时,要把各个村庄作为一个整体进行设施配套和规划布局,这既能满足要求,又能节约集约利用,由此体现共建共享的基本原则。

### 3.3.4 规划实施

在规划实施上,村庄群规划的特殊性在于它是多个村庄的有机整体。因此,除了传统的规划实施内容(如行动计划、保障措施等)以外,村庄群规划实施的编制内容要更加注重村庄的运营和营销,这是真正将多个村庄综合集成为一个群体的关键一步。

1) 运营策划

首先,要在村庄群的运营机制上进行探索和创新,搭建村庄群联动发展的平台,成立相应的村庄群运营管理机构,制定各类具体管理制度和政策。要在金融、运营、销售、供应等方面搭建顶层架构机制,形成顶层合力,从而推动村庄群的联动发展。其次,要设计丰富多样的、具有地域特点的村庄群农业、农旅活动体系。通过农业和农旅一体化的活动项目设计,既宣传推广村庄群的农业产业,又提升村庄群的文化旅游品牌形象,从而为打造美丽乡村奠定基础。

2) 营销策划

首先,要统筹设计村庄群的形象主题,突出村庄群的标志性地标和地物,融入村庄群的传统文化元素和特色,打造易于记忆的主题形象。其次,重点做好产品策划,包括本土农业产品和特色文旅产品两大板块,其中,本土农业产品要围绕村庄群的主导农产品进行宣传推介,突出绿色、生态、健康的特色。特色文旅产品要结合村庄群的乡村旅游发展,策划特色民宿、农家乐、主题农庄等系列农旅、文旅产品,打造村庄群的文化旅游品牌和形象。最后,要做好营销推广工作,要充分利用互联网线上平台进行全面宣传推介,同时,做好线下的广告宣传、交通接驳、周边联动等工作,共同打造线上线下一体化的村庄群营销推广体系。

## 3.4　村庄规划编制

村庄规划是基于"乡村振兴总体规划—村庄群规划—村庄规划"的三级村庄规划体系的最基础层面,也是乡村振兴总体规划、村庄群规划的基层传导。同时,村庄规划也是目前国家国土空间规划体系在农村地区的法定规划,是表达农民生产生活愿望的蓝图,是协调农村空间保护利用的平台,是提升优化农业空间布局的手段,是依规完善乡村空间治理、核发乡村建设工程规划许可、进行各项建设等的法定依据。

目前,国家层面统一的村庄规划编制标准尚没有出台,各省根据本省的村庄规划编制情况和需求出台了相应的村庄规划编制标准。尽管各个地方标准在村庄规划编制内容上有所区别,但总体上看,村庄规划编制的基本内容都包括村庄发展定位目标、村庄国土空间布局、村庄国土空间综合整治与生态修复、村庄公共设施布局、村庄住房建设、村庄规划实施等六方面,每个方面的内容将进一步具体分析。

### 3.4.1　村庄发展定位目标

要按照乡村振兴总体规划中确定的村庄类型和相关上位规划如乡镇国土空间规划、村庄群规划的要求,结合村庄自身的发展现状、资源禀赋和未来发展预期,明确村庄的发展定位,进而研究制定村庄发展目标、国土空间开发保护目标和人居环境整治目标,同时根据发展目标制定可度量、可细化、可考核的规划指标体系。具体地,规划指标体系包括总量指标和人均指标。其中,总量指标有永久基本农田面积、生态保护红线面积、建设用地面积、耕地保有量、林地保有量等,人均指标有人均建设用地面积、户均宅基地面积、人均公共服务设施面积、人均绿地面积等。各个村庄在具体规划时,可以根据自身特点、村民自治管理权限、规划诉求以及相关政策要求,灵活选择并构建规划指标体系。

### 3.4.2　村庄国土空间布局

要从开发和保护两大方面出发,对村域范围内的国土空间进行规划布局,确定各类用地的规划用途,明确各类用地的国土空间用途管制规则,形成村庄国土空间规划布局的最终成果。

1）村庄开发空间

要从村庄国土空间开发的角度出发，合理安排农村住房、产业发展、各级各类公共设施等开发类的建设空间，划定各类建设用地的用地范围。具体地，村庄建设用地主要包括农村居民点用地、农村产业用地、农业设施建设用地、其他建设用地等四类。其中，农村居民点用地包括农村宅基地、农村社区服务设施用地、农村公共管理与公共服务用地、农村绿地和开敞空间用地等类型。农村产业用地主要指农村集体经营性建设用地，用以保障农产品生产、加工、营销、乡村旅游配套等产业发展的建设用地，具体包括农村商业服务业用地和农村生产仓储用地两种类型。农业设施用地是满足农业生产需求的建设用地，包括种植设施建设用地、畜禽养殖设施建设用地和水产养殖设施建设用地。其他建设用地主要有农村工矿用地、交通设施用地、农村公用设施用地、特殊用地以及村庄留白用地（空间位置确定但尚未确定用途的建设用地）。

2）村庄保护空间

要从村庄国土空间保护的角度出发，根据上位国土空间规划要求，统筹落实永久基本农田、生态保护红线两大刚性控制线，将其中的用地作为禁止或限制开发的保护空间。在此基础上，再将永久基本农田储备区、粮食生产功能区、重要农产品生产保护区、历史文化保护区等需要保护的空间进行明确和划定，由此形成系统的村庄保护空间。在用地类型上，保护空间主要有生态用地和农用地，前者主要包括林地、湿地、陆地水域，后者主要包括耕地和园地。

上述村庄国土空间布局的成果可以归纳为"一图一表"。"一图"即村庄国土空间规划布局图，给出了各类规划用地的空间位置和范围；"一表"即村庄国土空间结构调整表，给出了各类规划用地的面积规模和占比。"一图一表"相互结合，共同给出了村庄国土空间规划布局的成果。"一表"可以参见表3-3。

表3-3　村庄国土空间结构调整表

| 规划地类 | | 规划基期年 | | 规划目标年 | |
|---|---|---|---|---|---|
| 村庄国土总面积 | | 面积/hm² | 占比/% | 面积/hm² | 占比/% |
| 农用地 | 合计 | — | — | — | — |
| | 耕地 | — | — | — | — |
| | 园地 | — | — | — | — |
| | 林地 | — | — | — | — |
| | 牧草地 | — | — | — | — |
| | 其他农用地 | — | — | — | — |

| 规划地类 | | 规划基期年 | | 规划目标年 | |
|---|---|---|---|---|---|
| 村庄国土总面积 | | 面积/hm² | 占比/% | 面积/hm² | 占比/% |
| 建设用地 | 合计 | — | — | — | — |
| | 农村住宅用地 | — | — | — | — |
| | 公共设施用地 | — | — | — | — |
| | 工业用地 | — | — | — | — |
| | 仓储用地 | — | — | — | — |
| | 道路交通用地 | — | — | — | — |
| | … | | | | |
| 其他用地 | 合计 | — | — | — | — |
| | 陆地水域 | — | — | — | — |
| | 湿地 | — | — | — | — |
| | 其他自然保留地 | — | — | — | — |

### 3.4.3 村庄国土空间综合整治与生态修复

要落实上位国土空间规划提出的综合整治与生态修复的任务要求和项目安排,明确村域范围内需要进行国土综合整治和生态修复的空间范围,将综合整治和生态修复的任务、指标和布局落实到具体地块,明确相应的整治修复工程及其布局。

1) 综合整治

国土空间综合整治主要包括农用地整治和建设用地整治。农用地整治要明确各类农用地整治的类型、范围、新增耕地面积和新增高标准农田面积,具体包括耕地"非粮化"整治、耕地质量提升、整治补充耕地、建设用地复垦等内容。建设用地整治重点要整理清退违法违章建筑、低效闲置的农村建设用地和零散工业用地,提出规划期内保留、扩建、改建、新建或拆除等整治方式。

2) 生态修复

在国土空间的生态修复上,要按照"慎砍树、禁挖山、不填塘"的生态理念要求,理清存在生态问题并需要生态修复的空间如矿山、森林、河湖湿地等的范围界线,提出生态修复的目标、方式、标准和具体任务。要尽可能保护和修复村庄原有的生态要素和实体,梳理优化好村庄基于山水林田湖草的生态格局,并通过生态修复来系统保护好村庄的自然风光和乡土田园景观。

### 3.4.4 村庄公共设施布局

村庄公共设施包括村庄的公共服务设施和基础设施两大类。其中,公共服务设施主要包括管理、教育、文化、体育、卫生、养老、商业、物流配送、集贸市场等各类设施,基础设施主要包括道路交通、农田水利、供水、排水、电力、电信、环境卫生、能源、安全防灾等各类设施,两者共同构成村庄的设施支撑体系。

1) 公共服务设施

公共服务设施布局要根据村庄的人口规模、服务半径和村庄类型进行综合确定,重点配置村委会、文化室、健身广场、卫生室、快递点、农贸市场、养老院、中小学、幼儿园等基本的公共服务设施。首先要优先布局村庄现状缺少或配置不达标的公共服务设施。其次,要确定公共服务设施配置内容和建设要求,明确各类设施的规模、布局和标准等。第三,对于暂时无法确定空间位置,同时又没有独立占地需求的公共服务设施,可以优先利用闲置的既有建筑进行改造利用。

对于集聚提升类的村庄,可以在现状公共服务设施分布的基础上,根据相关布局标准和要求,采用新建、改扩建等方式。对于城郊融合类村庄,要优先考虑与城镇公共服务设施共享配置,从而避免重复建设导致浪费。对于特色保护类村庄,要在满足村民基本公共服务需求的基础上,适当考虑文化旅游产业的发展需求,配置一些与文化旅游相关的公共服务设施如游客接待站、休闲餐饮服务中心等。搬迁撤并类的村庄要避免再新建各级各类公共服务设施,同时根据搬迁撤并的情况调整已有设施的配置标准。

2) 基础设施

在道路交通基础设施上,要做好村庄的对外交通和内部交通的规划布局。对外交通要落实上位规划中确定的各级各类交通规划,要与过境公路做好充分衔接,同时预留好高速公路、铁路的占地和防护隔离带用地。在村庄内部交通上,要按照相关农村道路规划设计标准要求,优化内部道路网络,合理确定村庄内部道路的等级、位置、宽度和配套设施,同时要合理规划布局公共停车场、公交场站等交通设施。

农田水利设施规划布局要确定农田区域的水源、输配水、排水、沟渠体系建设以及配套的建构筑物的布局、规模和标准。在供水、排水、电力、电信、环境卫生、能源等基础设施规划布局上,要根据村庄人口规模合理确定布局、标准和规模,做好用地预留和衔接,确保各类基础设施能够落地建设。

在村庄安全防灾设施规划布局上,要综合考虑地质灾害、洪涝等隐患,划定灾害影响范围和安全防护范围。要根据相关标准要求,合理确定防洪排涝、地质灾害防治、抗震、防火、卫生防疫等防灾减灾工程、设施和应急避难场所的布局、规模和标准,为村庄安全奠定坚实基础。

### 3.4.5　村庄住房建设

村庄住房建设是村庄规划的一个重要内容,主要是宅基地的规划布局问题。要按照上位规划确定的农村居民点布局、建设用地指标管控要求,合理确定村庄宅基地的规模和范围,满足村民的住房需求。

1) 宅基地布局

要严格落实农村"一户一宅"的基本要求,确保一户只能拥有一处宅基地。同时,要明确户均宅基地面积标准,在规划布局时不得突破户均宅基地面积标准。以浙江省为例,宅基地面积标准(包括附属用房、庭院用地),使用耕地最高不得超过 125 $m^2$,使用其他土地最高不得超过 140 $m^2$,山区有条件利用荒地、荒坡的最高不得超过 160 $m^2$。又如安徽省规定,城郊、农村集镇和圩区每户宅基地不得超过 160 $m^2$,淮北平原地区每户不得超过 220 $m^2$,山区和丘陵地区每户不得超过 160 $m^2$,利用荒山、荒地建房的则每户不得超过 300 $m^2$。

对于集聚提升类和城郊融合类的村庄,在不破坏原有村庄空间格局的前提下,宅基地布局可适当提高密度,以便集聚更多的人口。对于特色保护类的村庄,宅基地布局要特别注意不能破坏历史文化空间、要素和实体,确保历史文化风貌体系保持完整和原貌。对于搬迁撤并类村庄,原则上不再新增加宅基地,不再新建农村住房。

2) 住房设计

要充分考虑村庄的生活习惯和建筑特色,在充分尊重民意的情况下,提出新建住房的设计要求,包括平面布局、层数、色彩、材料等管控要求。对传统的住房进行改造的,要提出功能改造、立面改造、安全改造的标准和措施,并征求村民的意见和建议。需指出的是,农村住房设计要特别注意不能千篇一律而造成"千村一面",规划要提出总体的建筑风貌指引,不宜强推某种设计形式,要灵活应用各种建筑设计方法,打造具有村庄地域特色的住房风貌体系。

### 3.4.6　村庄规划实施

村庄规划实施可以包括两大部分:一是近期实施的项目,即规划近期拟实施的各级各类项目,主要包括村庄国土空间综合整治和生态修复、农村产业发展、交通设施建设、基础设施建设、公共服务设施建设、人居环境整治、农村居民点建设、历史文化保护等项目,要合理安排实施时序,明确资金规模及筹措方式、建设主体和方式、建设规模和用地面积等,确保项目能落地建设,为实现规划目标奠定基础;二是规划实施的保障措施,包括组织保障、资金保障、监督考核、加强宣传等,由此为村庄规划实施构建完善的保障体系。

### 3.4.7 村庄规划的其他内容

村庄发展定位目标、村庄国土空间布局、村庄国土空间综合整治与生态修复、村庄公共设施布局、村庄住房建设、村庄规划实施等六方面构成了村庄规划编制的基本框架和内容,但这并不代表村庄规划编制的全部内容。除了这六方面以外,村庄历史文化保护、村庄产业发展、村庄人居环境整治和风貌指引等也可成为村庄规划编制中的重要内容。

1)村庄历史文化保护

村庄历史文化是村庄的文脉所在,是"乡愁"的主要承载空间。对于具有历史文化资源和要素的村庄,特别是特色保护类的村庄,要把历史文化保护纳入村庄规划编制。要深入挖掘村庄的历史文化资源、要素和实体,包括传统街巷、文物古迹、历史建筑、各种自然和人文遗迹、古树名木、非物质文化遗产等。要提出村庄历史文化保护的原则、目标、名录、修复修缮方案和活化利用策略。进一步,在必要时可以划定村庄历史文化保护控制线,将其和村庄永久基本农田、村庄生态保护红线、村庄建设用地边界一起构成村庄的国土空间控制线体系。

2)村庄产业发展

对于集聚提升、城郊融合类的村庄,当其具有一定基础和规模的特色产业时,就有必要把村庄产业发展纳入村庄规划编制。要提出规划期内村庄产业发展的目标、空间布局和主导方向,重点安排好产业用地的空间范围和规模,明确产业用地的用途、强度等要求,确保村庄产业发展获得充足空间,为乡村产业振兴提供空间支撑。

3)村庄人居环境整治和风貌指引

要根据村庄的现状人居环境特点和村容村貌风格,按照经济适用、维护方便的基本原则,提出村庄人居环境整治和风貌指引的内容、要求、措施和具体建设项目。具体地,可以重点从村庄公共空间布局、村庄绿化、村庄建筑风格、景观小品等方面展开,提出村庄人居环境整治和风貌指引的规划设计方案和具体要求。

## 3.5 规划编制成果

总体上,基于"乡村振兴总体规划—村庄群规划—村庄规划"的三级村庄规划体系的规划编制成果包括规划文本、规划图纸、规划数据库、附件等形式,但具体到各个规划,编制成果也有所不同。

### 3.5.1 乡村振兴总体规划编制成果

乡村振兴总体规划位于村庄规划体系的顶层,是具有宏观性、战略性和引领性的规划,其成果形式一般包括规划文本和规划图纸。规划文本是规划成果的核心内容,全面表达了规划的各个方面。规划图纸是规划文本的重要补充,一般以附图的形式附在文本后面。

1) 规划文本

规划文本一般包括以下内容:规划背景、总体要求、发展布局、产业振兴、生态振兴、文化振兴、组织振兴、人才振兴、规划实施保障等。具体分析如下。

(1) 规划背景

规划背景主要分析乡村振兴的基础条件、有利因素和制约因素,从总体上给出规划面临的形势、机遇和挑战,为后续规划方案制定奠定基础。

(2) 总体要求

总体要求一般包括规划的指导思想、基本原则、发展定位、发展目标和发展指标体系,全面给出乡村振兴总体规划在规划期内要达到的目标、状态和格局。

(3) 发展布局

发展布局一般重点阐述城乡发展空间格局、四类村庄划分、村庄群划分、乡村公共设施体系构建等内容,从而为乡村振兴发展提供清晰的空间支撑和完善的设施支撑。

(4) 五大振兴

产业振兴、生态振兴、文化振兴、组织振兴和人才振兴是乡村振兴总体规划的核心内容,也是全面实现乡村振兴的根本保障,一般可按照"提出振兴目标—明确具体任务—提出实施项目"的基本模式进行编制。

(5) 规划实施保障

规划实施保障部分一般包括规划近期要开展的项目库和保障措施体系:前者是需要近期实施的各级各类项目,包括需要占地的实体建设项目和不需要占地的有关组织、人才等方面的软件建设项目;后者是一揽子系统的保障规划顺利实施的政策和措施。

除了上述内容外,规划文本还通常有附表,主要包括规划指标一览表、村庄分类一览表、村庄群划分一览表、近期实施项目一览表等。

2) 规划图纸

规划图纸的目的在于更加充分地展示和表达规划的思路、布局和范围,一般包括区位分析图、乡村振兴总体空间结构图、乡村振兴村庄分类规划图、乡村产业振兴空间布局图、近期项目空间布局图等。

当然,根据规划需要可以增加相应的规划图纸,如乡村振兴村庄群规划图、乡村振兴综合交通规划图、乡村振兴公共设施规划图、乡村生态振兴空间布局图等,由此将更加充分地表达规划成果。

## 3.5.2 村庄群规划编制成果

村庄群规划是一个新事物,其规划编制目前仍处于探索之中,规划编制成果并没有固定的模式和要求。根据第 3.3 节的分析,本节尝试提出村庄群规划编制成果的基本要求,以供研究和实践参考。

总体上,村庄群规划编制成果包括规划文本、规划图纸和附件等部分。其中,规划文本和规划图纸是规划成果的核心部分,附件是规划成果的辅助支撑部分。规划文本一般包括规划背景、基地分析(如现状条件分析、村庄特色分析)、发展定位与目标、国土空间管控、产业空间布局、全域景观规划、公共设施规划和规划实施保障等,每章的内容参见第 3.3 节,此处不再赘述。规划图纸一般包括区位分析图、村庄群发展现状图、村庄群总体结构规划图、村庄群国土空间管控规划图、村庄群产业空间布局图、村庄群景观规划图、村庄群公共服务设施规划、村庄群基础设施规划图、近期项目空间布局图等。附件一般包括调查问卷、调查分析报告、村民意见、部门意见、专家评审论证意见、村委会意见、村民会议讨论意见及决议等相关支撑材料。

### 3.5.3 村庄规划编制成果

村庄规划是国土空间规划体系在农村地区的法定规划。和乡村振兴总体规划和村庄群规划相比,村庄规划编制成果更为丰富和具体,要求也相对较高。根据目前全国各地的村庄规划编制技术要求,村庄规划编制成果一般都包括规划文本、规划图纸、规划数据库、附件等四大部分,具体分析如下。

1)规划文本

规划文本通常包括规划背景、规划定位和目标、国土空间布局与用途管制、国土空间综合整治与修复、公共设施布局、住房建设、规划实施等内容,当然,根据村庄的特点和需求,还可以包括历史文化保护、产业发展、人居环境整治和风貌指引等内容。相关内容参见 3.4 节,此处不再赘述。除了这些基本内容以外,规划文本还可包括附表,如村庄规划指标体系一览表、村庄国土空间结构调整表、国土空间用途管制一览表、重要地块控制指标一览表、近期实施项目一览表、历史文化资源一览表等。

2)规划图纸

规划图纸一般包括必备图纸和选做图纸。村庄规划的必备图纸主要有村域国土空间现状图、村域国土空间规划图、村域国土空间控制线规划图、村域道路交通规划图、村域公共服务设施规划图、村域基础设施规划图、近期项目布局规划图、重点区域规划总平面图。对于特色保护类的村庄,还必须有历史文化保护规划图。对于选做图纸,可以根据规划需要和村庄具体要求灵活增加,如增加产业发展规划图、人居环境整治规划图等。

3)规划数据库

规划数据库是村庄规划成果数据的集成,是国土空间信息平台的支撑内容,也是连接村庄规划成果与信息平台的纽带,要纳入国土空间规划"一张图"统一管控。规划数据库包括规划文档、规划表格、规划图纸的矢量数据和栅格数据、元数据等,其中矢量数据和栅格数据的坐标系应采用"2000国家大地坐标系"(CGCS2000),高程基准采用"1985国家高程基准",地图投影采用"高斯—克吕格投影"和3°分带。

4）附件

附件包括村庄规划编制过程中产生的一些相关材料,主要包括调查问卷、各个部门对规划的意见、有关规划编制的会议纪要、规划论证评审意见、村民参与记录和相关建议、村委会和村民会议意见、相关决议和政府审查审批文件等。

上述村庄规划的文本、图纸、数据库和附件应是村庄规划编制成果的基本构成。但由于规划地区的特殊性,在具体实践中,将会增加相应的编制成果,由此更清晰完整地表达规划编制内容。此外,需指出的是,各地在村庄规划编制实践探索中,一般都给出了两套成果要求:一是前述的规划文本、规划图纸、规划数据库和附件构成的专业版(审查报批版),二是能让村民看懂、理解和掌握的村民版规划成果。相对于专业版,村民版规划成果要能通俗易懂、图文并茂地表达村庄规划的核心内容,包括图表和简要的文字介绍。图表主要有村域国土空间规划图和近期实施项目一览表。文字介绍主要是村庄规划管制规则,包括规划的核心要求如生态保护、耕地和永久基本农田保护、历史文化保护、建设空间管制、村庄安全和防灾减灾等,要做到"行文易懂、内容好记、管理可行"。

# 4 村庄规划编制方法

第3章尝试构建了基于"乡村振兴总体规划—村庄群规划—村庄规划"的三级村庄规划编制体系,并对规划编制的主要内容进行了探索分析,初步给出了对村庄规划"做什么"的思考。本章将论述村庄规划"如何做"的问题,即针对村庄规划编制中的关键技术方法展开探讨。需指出的是,本章只针对村庄规划中的关键问题进行分析,尝试给出相应的技术方法,以期为村庄规划编制提供方法上的支持和参考。具体地,本章将具体探讨村庄规划调研方法、村庄规划指标数据处理方法和村庄规划空间分析方法三大基本技术方法,这些技术方法都是村庄规划编制中的关键节点,能在总体上为科学编制村庄规划提供技术支撑。

## 4.1 村庄规划调研

调研工作是任何规划编制的基础,没有调研也就无所谓规划,村庄规划也需要翔实细致的调研工作。通过调研首先要获得第一手的规划基础资料,包括相关规划成果、政策文件以及各级政府部门、村两委会(村党支部委员会和村民委员会)、村民的建议意见和设想等。其次,通过调研要对村庄现状的国土空间开发保护情况进行全面了解、认识和把握,要全面系统地梳理摸清村域范围内的国土空间本底,即各级各类空间要素、空间实体的类型、数量、规模和分布,从而为村庄构建国土空间格局、优化国土空间布局提供翔实的基础资料。

### 4.1.1 调研内容

村庄规划要针对村域的现状开发保护情况以及村民的建设需求进行详细调研,可采用现场踏勘、部门访谈、资料收集、村民入户调查、问卷调查等多种形式。具体地,调研工作的重点内容如下。

1)自然和历史文化条件

自然和历史文化条件是村庄所拥有的最基本的本底条件。自然条件首先包括村域内地形地貌、水文及水文地质、工程地质、气象等自然情况,以及村域内及周边的地质灾害情况、水土保持情况。其次,自然条件还包括村庄的土地、水、矿产、森林、草地、生物等各种资源情况。要重点摸清村庄的耕地、园地、林地、水域、矿产等核心自然资源的总量和空间分布情况。历史文化条件体现了村庄的软实力,是村庄历史变迁过程中形成的精神文脉,主要包括传统村庄格局、历史建筑、文物古迹、古树名木以及各种非物质文化遗产如名人、传说、民俗、节庆、手工技艺、宗祠祭祀、传统小吃等,要重点调研这些历史文化资源、要素和实体的空间分布情况和现状保护情况,从而为后续规划提供翔实资料。

2)经济社会发展现状

首先,调研村庄经济发展现状和水平,包括村庄的产业发展情况、集体经济收入情况、农民收入和消费情况等。其次,调研村庄的人口规模、户籍人数和农户数,必要时要进行入户调研,摸清每户的人口、劳动力、宅基地面积、房屋质量等基本情况。最后,通过访谈、发放问卷等形式,对村民建房需求、搬迁撤并意愿进行全面细致地摸底,要把规划建立在充分的民意基础之上。

3)公共设施建设情况

公共设施是满足村民日常生活生产需求、保障村庄正常运行的必备条件,也是村庄规划的重要内容。要全面摸清村庄现有的各级各类公共设施建设情况,包括教育、卫生、文化、商贸等公共服务设施以及农田水利、道路、供水、排水、供电、电信等基础设施的建设年代、建设规模和现状质量情况,从而为规划公共设施的数量和空间布局提供依据。

通过上述调研可以获得第一手的基础数据和资料。但是,除了这些第一手的调研成果外,还要获得已有的相关数据和资料,主要包括已有的数据资料、相关规划和相关政策文件。数据资料主要包括地形图、遥感影像图、国土调查数据、耕地质量评价数据、永久基本农田划定数据、生态保护红线划定数据、粮食生产功能区、重要农产品生产保护区划定数据等。相关规划主要包括当地的国民经济和社会发展规划、上位国土空间规划,以及有关道路交通、产业发展、生态保护、文化旅游等专项规划、已经编制的美丽乡村规划或村庄建设规划等。相关政策文件主要包括当地的乡村振兴政策、美丽乡村建设政策、乡村产业发展政策等。

### 4.1.2 调研程序

总体上,村庄规划的调研程序可以分为五阶段:准备阶段、行政村调研、自然村调研、村民调研和补充调研。这五阶段并无须严格依次进行。在统一做好准备工作后,可以根据规划编制开展情况分成若干调研小组,同时进行行政村调研、自然村调研和村民调研,待完成后再根据调研汇总情况统一进行补充调研,这样可以有效提高调研效率。

1)准备阶段

首先要对调研村庄有一个总体认识和了解,然后收集好村庄的地形图、遥感影像图和最新版的国土调查数据、村庄基本情况、相关规划等基础资料，拟定好调研的方向、路线和顺序，同时按照相关技术标准设计好调研表格和村民调研问卷，为现场调研做好充分的准备工作。

2）行政村调研

行政村调研指对整个村域范围进行调研，可以通过现场踏勘、召开座谈会、收集并整理各种基础资料、发放调研问卷等多种形式展开。要重点调研行政村的自然村个数、人口规模、土地利用现状、道路交通现状、公共设施保有情况、产业结构和主导产业发展情况、历史文化等特色资源的拥有情况。要对村两委进行细致访谈，摸清村两委对村庄发展的设想和建议，特别要关注近期农村住房建设、产业项目引进、道路交通建设、农村人居环境整治等方面的想法，这些都是村庄规划中应予以重点解决的问题。

3）自然村调研

自然村是行政村的基本组成部分。要重点调研自然村的人口情况、空心村情况、农村住房情况和公共设施情况。同时，要对自然村的搬迁撤并意愿进行全面摸排，尽可能广泛地征求自然村意愿，为后续的村庄搬迁撤并奠定坚实的民意基础。

4）村民调研

村民调研可以采用入户访谈、发放调研问卷的形式进行，重点摸清村民在住房建设、农业和非农业生产、土地权属变化、人居环境整治、公共设施配套等方面的意见和建议。调研问卷的数量可以根据规划村庄的人口规模进行灵活确定，当条件允许时可以对每户发放调研问卷，以便最大限度地掌握规划信息。

5）补充调研

在规划编制过程中，可以灵活地进行补充调研。一是遇到不清楚的问题时可以补充调研，二是针对规划的重大问题和内容如发展方向、空间布局、项目落地等进行补充调研，以便为慎重决策提供更丰富的信息和依据。

## 4.2 村庄规划指标数据处理

村庄规划在编制过程中会产生大量的指标数据，这些指标数据的量纲一般不相同，难以进行横向比较和计算，因此，有必要应用适当的方法对村庄规划指标数据进行处理。总体上，村庄规划指标数据处理包括规划指标体系构建、规划指标数据标准化、规划指标权重计算、规划指标综合集成等内容，具体分析如下：

### 4.2.1 规划指标体系构建

指标体系是描述、评价村庄发展的各个方面的数据集合。村庄规划是对村庄发展现状、水平的高度概括和归纳，涉及村庄的自然、经济、社会等诸多方面的因素。因此,村庄规划必须建立一个能够反映村庄特点的科学合理、重点突出、目标明确、简明实用的综合指标体系。具体的,村庄规划指标体系的建立主要遵循以下原则。

1)科学性原则

指标的选取要建立在科学的基础之上,各项指标概念明确,具有一定的科学内涵和理论依据,能较客观、真实地反映村庄发展的状态和各指标间的联系。

2)综合性和统一性原则

综合性要求指标应能反映整个村庄的特征,要顾及系统的各重要组分;统一性是指同一指标的含义、口径范围、计算方法、计算时间等必须统一。

3)系统性和层次性原则

村庄规划是一个具有多变量、多属性、多层次的复杂系统工程,因此要按照系统性和层次性原则,逐步分层次构建指标体系,建立包括目标层、约束层、准则层和指标层的综合指标体系。

4)可操作性和可比性原则

可操作性是指选用的指标要有可靠的来源,应尽可能建立在现有统计体系的基础上,并确保数据的易获得性,建立的指标体系力求简明清晰,并易于操作理解,具有代表性和典型性。可比性要求有两个含义:一是在不同村庄之间进行比较时,除了指标的口径、范围必须一致外,一般用均量指标或相对指标等进行比较,以体现公平性;二是在进行具体评价时,由于指标之间的单位量纲相差较大,必须进行指标的标准化、归一化等方面的处理,使数据在无量纲的条件下可比。

5)灵活性和动态性原则

指标体系作为一个有机整体是由多种因素综合作用的结果,在目标层、约束层相对固定不变的情况下,由于数据获取的限制等原因,在准则层和指标层可保持一定的灵活性,为增加、减少或改变某些单项指标提供可能。不同时期村庄规划面临的状况不同,当前建立的指标体系不可能是一成不变的。指标体系要随着村庄未来发展的情况进行适当调整,以使评价指标更符合时代特点。因此,指标体系要遵循动态性原则,要能综合反映村庄发展的不同阶段,能较好地描述、刻画与度量未来的发展趋势。

### 4.2.2 规划指标数据标准化

村庄规划指标体系中的各个指标数据的计量单位和度量尺度一般不同,甚至指标之间的差异非常大,这造成指标之间无法直接进行比较和计算,也使规划决策无法进行,为此要对指标数据进行标准化处理。标准化处理就是把所有原始的指标数据值按照一定的数学方法转换成一种统一的度量尺度,从而消除不同的量纲差异带来的不可比性,这样得到的标准化的指标数据值可称为指标的标准化分值。通常用数学方法把原始指标值转化成 0—1 范围内的数值,即指标数据的标准化。常用的指标数据标准化方法如式(4-1)至式(4-6)所示:

1) 最大值标准化

$$X = \frac{X_i}{X_{max}} \quad\quad (4-1)$$

2) 最小值标准化

$$X = \frac{X_i}{X_{min}} \quad\quad (4-2)$$

3) 平均值标准化

$$X = \frac{X_i}{\overline{X_i}} \quad\quad (4-3)$$

4) 极差标准化

$$X = \frac{X_i - X_{min}}{X_{max} - X_{min}} \quad\quad (4-4)$$

5) 总和标准化

$$X = \frac{X_i}{\sum_{i=1}^{n} X_i} \quad\quad (4-5)$$

6) 标准差标准化

$$X = \frac{X_i - \overline{X_i}}{S_i} \quad\quad (4-6)$$

上述各个公式中,$X$ 是标准化的指标分值,$X_i$ 是指标 $i$ 的原始值,$X_{max}$ 是指标 $i$ 原始值中的最大值,$X_{min}$ 是指标 $i$ 原始值中的最小值,$\overline{X_i}$ 是指标 $i$ 原始值的均值,$S_i$ 是指标 $i$ 原始值的标准差。标准化后的数据都是没有单位量纲差异的纯数值,相互之间可以进行比较和综合集成。

### 4.2.3　规划指标权重计算

权重反映了各个指标的相对重要性和研究者的偏好。某个指标的权重值越大,表明该指标越重要,对研究结果的影响越大,反之亦然。在村庄规划指标体系中,通常有多个指标,在进行多指标的综合集成时必然要计算指标权重,这是影响研究结果的关键一环。因此,规划指标权重计算也是村庄规划方法中的一个重要内容。

从理论上看,指标权重计算的方法有很多,总体上包括主观计算法、客观计算法以及主客观有机统一三大类。主观计算法指研究者的主观判断在权重计算中发挥主导作用,通常有直接赋值法、排序法和比率法等。直接赋值法是研究者根据主观判断直接对各个指标进行权重赋值,由于每个人的判断各不相同,计算结果相差太大,因此该方法一般不用。排序法是研究者先判断各个指标的重要性,然后根据重要性排序用一定的数学方法计算权重,显然,这比直接赋值法更为科学,因为在指标的重要性上,研究者更易于达成一致,由此得到的指标权重更易于获得认可和接受。客观计算法根据指标数据的结构特点进行权重计算,常用的有主成分分析法、熵值法等。显然,客观计算法基本排除了研究者的主观判断影响,对于同一组指标数据,不同的研究者得到的权重也是一样的,这有利于研究结果能被广泛接受。但是,当指标数据值存在较为明显的大小差异或指标数据过多即数据是高维数据结构时,客观计算法就可能存在失真,得到的结果可能与常识存在一定偏差。为了避免主观计算法、客观计算法的不足,将两者结合起来的主客观有机统一法逐渐获得了研究者的认可,最为常用的方法是层次分析法。这种方法可以把研究者的主观偏好与客观的数据计算统一到一个框架之下,并通过对计算结果进行检验而有效保证主观判断的逻辑一致性。各种指标权重计算方法的原理和计算过程详见有关文献,此处仅对排序法和比率法进行介绍,具体如下。

　　1)排序法

　　排序法具有简洁、易于理解和掌握的显著优点,其基本思路是:对各个指标的重要性大小进行排序,在对排序值进行标准化而得到权重。最常用的排序法是排序求和法,公式为:

$$W_j = \frac{n - r_j + 1}{\sum (n - r_k + 1)} \qquad (4-7)$$

式中,$W_j$ 为第 $j$ 个指标的标准化权重,$n$ 为总指标数,$r_j$ 和 $r_k$ 分别为第 $j$ 和第 $k$ 个指标的重要性排序值,分子表示每个指标的权重,分母表示所有指标的权重之和。除了排序求和法以外,排序法还有排序倒数法和排序指数法,计算公式分别为:

$$W_j = \frac{1/r_j}{\sum (1/r_k)} \qquad (4-8)$$

$$W_j = \frac{(n - r_j + 1)^p}{\sum (n - r_k + 1)^p} \qquad (4-9)$$

式(4-8)为排序倒数法,式(4-9)为排序指数法。式中,$W_j$ 为第 $j$ 个指标的标准化权重,$n$ 为总指标数,$r_j$ 和 $r_k$ 分别为第 $j$ 和第 $k$ 个指标的重要性排序值,分子表示每个指标的权重,分母表示所有指标的权重之和。指数 $p$ 由研究者给出。当 $p=0$ 时,所有指标的权重相同;当 $p=1$ 时即为排序求和法;当 $p>1$ 时即为排序指数法。$p$ 越大,则指标之间的权重值差异就越大。

2) 比率法

比率法的基本思路是:对各个指标的重要性大小进行排序,进而在排序的基础上对每个指标打分,然后应用计算公式得到指标的初始权重,最后对初始权重进行归一化处理得到各个指标的标准化权重,具体的计算公式如下:

$$w_j = \frac{S_j}{S^*} \tag{4-10}$$

$$W_j = \frac{w_j}{\sum\limits_{j=1}^{n} w_j} \tag{4-11}$$

式中,$w_j$为第$j$个指标的初始权重,$S_j$为第$j$个指标的评分值,$S^*$为最不重要的指标的评分值;$W_j$为第$j$个指标的标准化权重,$n$为总指标数。比率法的关键是对各个指标进行评分,一般可以用百分制,如最重要的指标评分为100,最不重要的评分为10,重要性处于中间等级的则根据指标数量酌情进行评分,由此得到各个指标的评分值$S_j$,再利用式(4-10)得到初始权重,最后根据式(4-11)对初始权重进行归一化处理而得到各个指标的标准化权重。

### 4.2.4　规划指标综合集成

规划指标综合集成意味着要把所有指标的信息进行整合,从而得到一个能反映所有指标信息的一个新指标,这个新指标通常被称为综合指数。规划指标综合集成的关键是采用什么方法对所有指标进行整合,即如何对指标的标准化分值和标准化权重进行综合集成。根据目前研究和实践现状,最为常用的方法是线性加权和法,计算公式如下:

$$I_i = \sum\limits_{j=1}^{n} W_j X_{ij} \tag{4-12}$$

式中,$I_i$为第$i$个村庄的综合指数;$W_j$为第$j$个指标的标准化权重;$X_{ij}$为第$i$个村庄在第$j$个指标下的标准化分值。对$I_i$进行排序,值越大,村庄的综合指数越大,通常表明村庄的综合发展水平越高。总体上看,线性加权求和法具有过程简单、易于理解的优点,便于横向和纵向的对比分析。同时,线性加权求和法也是与地理信息系统(Geographic Information System,GIS)进行叠加分析中使用最多、最广的空间决策规则,可以直接使用GIS的空间叠加功能实现,这为各种空间规划分析提供了极大方便。

## 4.3　村庄规划空间分析

空间是规划的主角,空间分析是规划的基础分析之一,在规划编制过程中发挥着重要的决策支撑作用(宗跃光等,2011)。空间分析是 GIS 最重要的功能之一,村庄规划可以应用 GIS 的空间分析方法来提高规划编制的效率与科学性。

### 4.3.1 GIS 概述

20 世纪 60 年代,世界上第一个地理信息系统在加拿大建立。经过 40 多年的发展,GIS 技术已经被广泛应用到各个专业领域。GIS 的定义是随着其技术的不断进步及应用领域的不断拓宽而不断完善的,目前被最为广泛接受的定义为:GIS 是一个收集、储存、分析和传播地球上关于某一地区信息的系统,该系统包括相关的硬件、软件、数据、人员、组织及相应的机构安排,其中收集、储存、分析和传播是一个完整的 GIS 所必须具备的四大功能。近年来,伴随其广泛应用,GIS 已经成为建立数字规划的技术平台,是现代规划领域中极为重要的决策支持手段。GIS 有其强大的空间和属性数据管理功能、空间分析功能,可以为规划管理、编制及各种决策分析提供有力的技术支持,因此 GIS 在规划领域得到了日趋广泛和深入的应用。GIS 的应用可以渗透到规划的各个方面,包括从编制到管理,从前期资料收集整理到成果出图,从小范围的详细规划到更大的区域规划,从综合性的总体规划到专业性的专项规划,从项目选址到可持续发展战略制定等方面。总之,GIS 与规划实践相互结合成为一个强大、灵活的决策支持系统已经得到各种规划管理和编制部门的认可。总体上,GIS 在村庄规划领域的作用可以归纳为两大方面。

1) 规划数据管理

村庄规划编制建立在对村庄自然地理环境、社会人文、经济发展状况等诸多要素全面了解的基础之上,相关数据的获取和有效管理是规划编制的前提和基础。在规划编制时,面对多种格式(矢量、栅格)、多种形式(文字、表格、图形、图像)、多种来源[计算机辅助设计(CAD)、遥感、地图]的数据时,传统的规划数据管理模式显然已不能胜任。而 GIS 则可以有效地管理各种数据,通过空间数据库的建立,GIS 把村庄规划的空间信息和属性信息有机集成起来,既可以存储、输入、更新、显示各种数据,又可以方便使用者随时、准确地调用各种数据。

2) 规划空间分析

GIS 的特点在于其不仅具有强大的数据管理功能,更重要的是还拥有强大的空间分析功能。GIS 的空间分析功能在村庄规划编制中的应用主要有:村庄空间扩展分析、村庄空间格局分析、村庄用地适宜性评价、村庄公共设施选址研究、村庄交通可达性研究等。最常用到的 GIS 空间分析工具包括空间信息的查询、缓冲区分析、叠加分析、网络分析等。在村庄规划编制中灵活运用 GIS 技术可以快速、精确地完成复杂的空间分析,极大地减轻工作量,如常规的地形分析、适宜性评价等。GIS 的空间分析技术能够为村庄规划决策建立一个科学、理性的分析平台,这是 GIS 对村庄规划编制最重要的贡献,也是 GIS 在村庄规划决策中处于重要地位的原因所在。

### 4.3.2　GIS 空间分析基本流程

GIS 空间分析的目的是为了解决某类与地理空间有关的问题,通常涉及多种空间分析操作的组合,因此一个合理的空间分析流程设计将十分有利于问题的解决。空间分析的应用过程一般可以分为五大基本步骤,但在某个具体的问题分析中,下述分析步骤也可以作相应的调整和变化:

① 确定问题,建立分析的目标和所要满足的条件。确定问题是 GIS 空间分析的第一步,要从村庄规划的实际应用出发,对规划问题进行解剖和分析,找出问题的实质和构成要素,然后根据问题的基本要素、问题所需要解决的空间精度以及数据获取的可行性而找出所需要的原始数据,并完成数据的收集和整理。

② 针对空间问题选择合适的空间分析方法或模型。空间分析方法或空间模型的确定与建立要根据问题的实际情况,利用相关专业知识,建立以 GIS 空间数据操作为主线的应用体系。

③ 建立空间数据库。要在 GIS 中把分析所需的各个矢量数据和栅格数据统一放到一个数据库中,并进行相关处理,包括统一坐标系、统一空间分辨率等,从而为空间分析奠定基础。以主流 GIS 软件 ArcGIS 为例,可以在其中构建统一的个人地理数据库(Personal Geodatabase,PGDB)。PGDB 是一个强大的用户空间数据库模型,被广泛应用于地理空间数据处理中,包括矢量数据集、栅格数据集、独立的对象类(储存非空间数据的表)等,几乎囊括了常用的各种规划空间数据和非空间数据。这些数据可以有机地统一在同一个空间数据库中,因此能更清晰、准确地反映现实空间对象的信息,由此为规划空间分析奠定坚实基础。

④ 制订空间分析计划,然后执行分析操作。空间操作的实现是在空间数据库的基础上,从数据库中提取关于问题的基本资料,运用空间分析方法或模型,利用 GIS 的空间运算功能得到问题的答案和解决方案。

⑤ 得到空间分析结果,对结果进行检查、反馈和优化。要对分析结果进行检查,看是否达到了所设定的分析目标,如果不是,则要返回到第一步进行逐个检查,直至得到满意的分析结果。

以上五大步骤构成了基本的 GIS 空间分析流程。其中,确定问题(包括建立完善的数据库)部分是基础,空间分析方法或模型选择部分是关键,这两部分要与所解决问题的专业知识紧密结合,由此可保证正确地解决问题。空间操作部分应有效的利用 GIS 的空间数据分析和处理功能,这样可大大提高问题解决的速度和效率。结果的检查也是不可忽视的一步,只有达到分析目标才是研究所需的结果。

### 4.3.3 GIS 空间分析方法

GIS 空间分析的基础是地理空间数据库,其运用的分析手段包括各种几何逻辑运算、数理统计分析、代数运算等,最终目的是解决人们遇到的地理空间实际问题,从而辅助、支持各种空间问题的规划决策。通常,在村庄规划领域中用到的 GIS 空间分析基本方法包括表面分析、空间查询、缓冲区分析、叠加分析等,具体内容如下。

1) 表面分析

表面分析可以为村庄规划提供最基础的地形地貌分析结果。GIS 提供的表面分析功能比较丰富。通过表面分析可以生成新的数据集,进而通过这些新数据集可以更多地了解原始数据中所隐含的空间格局信息,如等值线、坡度、坡向、可视性、最短路径、山体阴影、土方等。通过 GIS 的表面分析功能,可以轻松获得感兴趣的各种规划数据。例如,通过现有的高程数据集或数字高程模型可以获得村庄的坡度、坡向等表面分析结果。

2) 空间查询

空间查询是 GIS 的最基本、最常用的功能,也是 GIS 与其他数字制图软件相区别的主要特征之一。空间查询功能是评价 GIS 软件的主要指标之一。查询和定位空间对象,并对空间对象进行量算是 GIS 的基本功能,是 GIS 进行高层次分析的基础。图形与属性互查是最常用的查询方法,主要有属性查图形和图形查属性两类方法。

属性查图形按属性信息的要求查询、定位空间位置。给定一个点或一个几何图形,检索出该图形范围内的空间对象及其相应的属性。空间实体间存在多种空间关系,包括拓扑、顺序、距离、方位等关系。通过空间关系查询和定位空间实体是 GIS 不同于一般数据库系统的功能之一。例如,在规划地区中查询面积大于 1 km² 的林地有哪些,查询到结果后,再利用图形和属性的对应关系,进一步在图上用指定的显示方式将结果定位绘出。

图形查属性即根据对象的空间位置查询相关属性信息。GIS 软件都提供一个工具,让用户利用光标,用点选、画线、矩形、圆、不规则多边形等工具选中地物并显示所查询对象的属性列表,同时可进行相关的统计分析。此类查询通常分为两步:首先借助空间索引在 GIS 数据库中快速检索出被选中的空间实体,然后根据空间实体与属性的连接关系即可得到所查询空间实体的属性列表。

3) 缓冲区分析

缓冲区是地理空间目标的一种影响范围或服务范围。缓冲区主要有点缓冲区、线缓冲区、面缓冲区三种类型。缓冲区分析的概念和缓冲区查询的概念不完全相同。缓冲区查询是 GIS 的一种空间查询方式,是在不破坏原有空间目标的关系前提下,通过空间检索得到该缓冲区范围内涉及的其他空间要素目标,在这一点上与缓冲区分析有着本质区别。缓冲区分析是对一组或一类地物按缓冲的距离条件建立缓冲区多边形图层,然后将这个图层与需要进行缓冲区分析的图层进行叠加分析而得到所需要的结果。在村庄规划实际应用中,利用缓冲区分析的例子非常多。例如,为公共设施建立半径为 1 km 的服务区域,在道路交通规划中计算道路两侧需要拆迁的建筑物,以某个文物保护建筑为点要素做缓冲区分析以获得一定范围内的建设控制区域,等等。在建立好所需要的缓冲区后就可以将其与其他数据图层叠加,由此可以进行下一步的空间统计、叠加等分析操作。

4) 叠加分析

叠加分析是 GIS 中最常用的提取空间隐含信息的手段之一,也是 GIS 中最为重要的空间分析功能。大部分 GIS 软件是以分层的方式组织地理数据,将地理数据按主题分层组织,同一地区的整个数据层集表达了该地区地理景观的内容。每个主题层是一个数据层面,数据层面既可以用矢量结构的点、线、面图层文件方式表达,也可以用栅格结构的图层文件方式进行表达。空间叠加分析指在统一的空间参考系统条件下,把同一地区的两幅或两幅以上的图层重叠在一起进行图形运算和属性运算(关系运算),以产生空间区域的多重属性特征,或建立地理对象之间的空间对应关系,即产生新的空间图形和属性。叠加分析的目的是寻找和确定同时具有几种地理属性的地理要素的分布,或者按照确定的地理指标对叠加后产生的具有不同属性级别的多边形进行重新分类或分级。例如,在村庄规划中,可以应用 GIS 的叠加分析对多个指标数据进行综合集成,从而得到代表村庄综合发展水平的新数据。

# 5 村庄规划管理

　　村庄规划管理是村庄规划编制成果顺利实施、村庄日常建设活动依法依规开展的保障，也是村庄规划研究和实践的重要内容。村庄规划管理能够正确引导村民有序建房，改善农村人居环境，保障村民合法权益，进而为解决村庄布局不合理、违规用地、违规建房等问题提供完善的制度和政策体系。本章重点从村庄规划编制管理、村庄规划实施管理、村庄日常建设管理等方面，论述分析村庄规划管理工作的主要内容。

## 5.1　村庄规划管理原则

　　总体上，村庄规划管理要以服务村民、服务村庄为基本理念，按照"规划引领、实际出发、完善制度"的基本原则进行，通过完善制度，规范管理，稳步推进村庄的各项开发建设和保护活动。

　　1）规划引领

　　先规划、后建设是基本原则。要按照"看得见山、望得见水、记得住乡愁"的要求，科学编制各级各类村庄规划。要强化村庄规划的引领作用，增强村庄规划的指导性和可操作性，规范村庄的各项建设活动，完善村庄的公共服务设施和基础设施，为村庄发展奠定空间基础，为村民的合理需求提供要素保障。

　　2）实际出发

　　要坚持从实际出发的管理理念，一切要从村庄的实际问题、实际需求、实际条件出发进行各项规划管理。要尊重村民生产生活的实际需求，加强村民在村庄规划管理中的主体地位，让村庄规划管理落到实处。切忌大拆大建、赶农民上楼的"运动式"规划建设模式，要因地制宜地进行村庄建设。

　　3）完善制度

　　要以完善村庄规划管理制度为基本原则，加强制度建设，确保村庄规划管理工作制度化、规范化和常态化。既要完善村庄规划管理审批、村庄规划监督实施等顶层制度，也要加强完善村庄日常规划建设的各项规章制度，从而有利于便民利民，更好地服务村民的合法需求。

## 5.2　村庄规划编制管理

村庄规划应按照乡村振兴"产业兴旺、生态宜居、乡风文明、治理有效、生活富裕"的总体要求进行编制,要充分发挥村庄规划在村庄开发建设和保护中的引领性、基础性作用。村庄规划编制既可以一个行政村为基本单元,也可以几个行政村为基础编制村庄群规划。村庄规划的期限原则上要和上位国土空间规划保持一致。村庄规划的成果表达应简介、清晰和规范,做到"好懂、好用、管用"。总体上,村庄规划编制管理一般包括以下几个方面。

### 5.2.1　工作组织

要建立县(区)、乡镇、村庄、编制单位有机统一的村庄规划编制工作组织机制。县(区)政府要加强对村庄规划工作的总体领导,构建政府总领、自然资源和规划部门具体负责、其他部门配合的顶层工作机制。乡镇政府具体领导和负责本辖区内的村庄规划编制工作,既要与上级部门对接好各项工作,又要与村庄保持紧密联系,发挥好承上启下的关键作用。村两委要在村庄规划编制过程中充分发挥主体作用:一方面配合好编制单位做好调研和基础资料收集工作;另一方面也要积极参与到规划编制工作中,要发挥好主人翁意识,向编制单位尽可能全面提供有关村庄、村民发展的意见和建议,为编制一个村庄、村民满意、好用、管用的村庄规划奠定基础。村庄规划编制单位要在技术力量、技术保障上做好各项工作,要全面完成调研工作,要充分吸取各级政府和村庄、村民的发展愿景和建议,更要吃透相关技术标准规范,为高质量地完成规划编制任务夯实基础。

### 5.2.2　规划编制

关于村庄规划编制的内容、成果详见第 3 章,本节对村庄规划的衔接进行分析说明。村庄规划应按照依法批准的上位乡镇国土空间规划进行编制,要全面落实乡镇国土空间规划的主要控制指标,并做好与相关专项规划的协调和衔接,重点要从永久基本农田、生态保护红线、建设用地指标三大方面进行衔接。

首先,落实永久基本农田的划定范围,确保永久基本农田的数量和位置与上位国土空间规划完全一致。同时,耕地保有量要落实上位国土空间规划确定的规划目标,确保耕地数量不减少、质量不降低。

其次,落实生态保护红线的划定范围,确保村庄范围内的生态保护红线落地落实,落实好生态保护红线的各项管控措施,按照要求做好生态保护红线内的既有开发建设活动的处理与管控工作。

最后,落实好村庄建设用地规模指标,确保与乡镇国土空间规划确定的目标相一致。如确需增加村庄建设用地规模的,要给出论证意见和理由,并报经县(区)政府同意后,首先在乡镇范围内进行平衡,如在乡镇范围内不能平衡则在县(区)范围内进行平衡。

### 5.2.3 规划审批

村庄规划的审批程序一般经过规划公示、规划审查、规划审批、规划入库和规划发布五步骤。每个步骤都要完成相关规定工作,然后再进入下一个步骤,由此形成一个完整、规范的村庄规划审批程序。

1)规划公示

村庄规划编制完成后,首先要征求各个相关部门、乡镇和村庄、村民的意见,经修改完善后认为可以上报上级部门进行审批的,应该对规划成果进行公示。此时,应在经过村民会议或村民代表会议讨论并同意后,在村庄村民广场、公共活动中心等公共场所进行公示,一般不小于 30 日。村庄规划公示可以采用村民版成果,以便能让村民充分了解村庄规划的主要内容。

2)规划审查

村庄规划公示完成后,规划编制单位要根据公示意见和建议对规划成果进行修改和完善,形成上报审查稿。县(区)自然资源和规划部门组织相关部门、专家对上报审查稿进行评审,通过专家评审并经过再次修改完善的村庄规划编制成果可以按照程序上报审批。

3)规划审批

乡镇政府将审查通过后的村庄规划成果上报县(区)政府审批。通常,规划审批时要提供规划成果、审查意见、村民会议或村民代表会议决议以及其他相关支撑材料。

4)规划入库

县(区)自然资源和规划部门在村庄规划获批后,应及时将村庄规划成果入库,将其纳入县(区)国土空间规划一张图实施监督管理信息系统。入库时,应包括规划成果的矢量数据、栅格数据、说明文档和表格文件。

5)规划发布

在村庄规划正式获批后,乡镇政府应在一定的时限内,通过乡镇管理平台、网络、公共场所等媒介发布公告,加强村庄规划的宣传,营造村庄规划实施的良好社会氛围。

## 5.3 村庄规划实施管理

村庄规划成果经审批公布后,应严格按照规划实施,并加强实施过程中的监督和管理。村庄规划的实施管理主要包括规划监督实施和规划动态调整两个具体管理工作。

### 5.3.1 监督实施

县（区）政府要做好村庄规划实施的总体领导工作，应定期开展村庄规划实施监督检查，并将检查结果纳入部门和乡镇的年度考核，充分彰显村庄规划的严肃性。自然资源和规划部门要做好村庄规划的技术指导、监督检查工作，要会同乡镇政府联合执法，及时协调解决村庄规划实施过程中出现的问题，及时纠正制止和依法查处农村违法违规建设行为，确保村庄规划顺利实施。乡镇政府则要具体做好村庄规划的实施工作，全面提高规划建设管理队伍的管理能力和水平。村两委作为最直接的规划实施主体应加强规划宣传，要做好村庄规划管制规则的普及宣教工作，严格执行好"一户一宅"政策和宅基地用地标准，提高村民依法依规建设的意识和能力，确保村庄各项建设活动顺利依法依规进行。

要全面落实"先规划、后许可、再建设"的基本原则，严格按照村庄规划进行规划许可审批，强化村庄规划实施的权威性。要依法依规核发"乡村建设规划许可证"，确保村庄新建项目的许可证核发率达到全覆盖。要严格按照村庄规划进行项目审批，包括生态修复和全域土地综合整治项目、农房建设项目、交通设施建设项目、基础设施建设项目、公共服务设施建设项目、产业发展项目等。

要严禁未批先建、违法乱建和私搭乱建行为，坚决查处各种违法建设活动，全面规范村庄的各项建设行为和秩序。具体地，村庄规划中要禁止布局和建设的项目包括：乱占耕地建房，要严格落实自然资源部、农业农村部《关于农村乱占耕地建房"八不准"的通知》（自然资发〔2020〕127号）相关规定；利用农村宅基地建设别墅和会馆、商品住宅；其他违背相关法律法规的建设项目。

### 5.3.2 动态调整

原则上村庄规划一经审批实施，不得随意修改或调整。但由于各种外部和内部原因导致村庄规划必须修改或调整的，要依法依规按程序进行修改或调整。

1）动态调整条件

当下列情形的一个或多个发生时，即可触发村庄规划进行动态调整，具体包括：行政区划调整，导致村庄范围发生变化；国家、省、市县批准的重大建设项目和工程涉及村庄规划；上位国土空间规划发生调整，并提出修改村庄规划要求；村庄规划在不突破各类约束性指标、各类空间控制线和强制性管制规则的前提下，因村庄项目建设、发展方向调整等客观原因导致规划调整。除了这些基本条件外，当村庄规划的审批机关认为可以修改村庄规划时，也可以进行动态调整。

2）动态调整程序

当行政区划调整、上级政府批准的重大项目、上位国土空间规划调整时,村庄规划应进行及时修编(改)。此时,应按照村庄规划编制审批管理的程序进行,并按原程序上报县(区)政府审批。当不突破各类约束性指标、各类空间控制线和强制性管制规则而调整村庄规划时,可以采用局部调整程序,即村庄规划局部调整后报县(区)自然资源和规划部门审批。

下编　案例研究

# 6 木垒哈萨克自治县乡村振兴总体规划

## 6.1 规划背景

### 6.1.1 总体背景

近年来,根据国家关于乡村振兴"产业兴旺、生态宜居、乡风文明、治理有效、生活富裕"的总体要求,新疆维吾尔自治区、昌吉回族自治州、木垒哈萨克自治县(以下简称"木垒县")出台了一系列关于乡村振兴的政策措施,集中资源支持脱贫攻坚转向巩固拓展脱贫攻坚成果和全面推进乡村振兴。这是编制木垒县乡村振兴总体规划的总体背景。

### 6.1.2 发展背景

新疆丝绸之路经济带核心区建设为木垒县的发展带来新机遇,乌鲁木齐都市圈建设也将带动都市圈内各个城市在产业链配套、交通互联互通、基础设施建设等方面加速实现互动共融,由此促进都市圈内人才、资金、产品等要素的高效流动。在此发展背景下,木垒县优质的农牧产品、康养产品、乡村旅游产品都将获得更为广阔的发展前景,这为木垒县全面实现乡村振兴奠定了坚实基础。

## 6.2 现状分析

### 6.2.1 特色与优势

1)交通区位优势

木垒县距乌鲁木齐市 278 km,木鄯公路、奇木高速、G7 京新高速省道 303 都从县内通过,木垒县成为环东天山千里旅游黄金线和北疆地区通往内地的重要节点。

2）自然环境优势

（1）自然环境优美

木垒县从南到北依次为沙漠、绿洲、草原和雪山,地形地貌丰富。北部沙漠有鸣沙山、胡杨林,南部有全国最大的国家农业公园、原始森林和雪山,自然环境引人入胜(图6-1)。

图6-1 木垒县自然环境现状

（2）空气质量极佳

木垒县没有产生工业废气的加工制造业,电力供应以风力发电和光伏发电为主。木垒县全年空气优良日超过90％,是乌鲁木齐市的1.5倍,具有极佳的空气质量。

（3）气候宜居

木垒县南部地区海拔约1 500—2 000 m,温度适中,森林覆盖率和负氧离子含量均较高,适宜居住。木垒县不仅有触手可及的日出、云海、熠熠星空、醉氧的空气和湛蓝的天空,而且全年无雾霾,冬暖夏凉,是养生避暑和休闲居住的理想目的地。

3）特色农牧业优势

木垒县特色农产品丰富,主要有粮用鹰嘴豆、白豌豆、小麦、玉米、西甜瓜、马铃薯等,其中鹰嘴豆为地理标志农产品和农产品区域公用品牌。同时,木垒县畜产品品质高,主要以羊、骆驼、牛等为主。木垒羊肉获得全国农产品地理标志登记保护,并获得全国名特优新农产品品牌,木垒长眉驼则为地理标志农产品。

4）乡村文化旅游优势

木垒县文化旅游资源极为丰富,地域文化底蕴深厚。全县有国家级文物保护单位9处,自治区级8处、县级18处,同时有7个中国传统村落。具体地,县域北部有鸣沙山、胡杨林、哈依纳尔泉和狩猎场等文旅资源;中部有围绕县城周边的民族风情度假村(如牧民定居新村牧家乐集群、菜籽沟画家村、月亮地农家乐)、水磨沟村生态旅游区(4A)、天山木垒中国农业公园景区(4A)、阿吾勒风情小镇、现代生态农业旅游区等,山前地区有霍加墓、四道沟遗址;南部山区有大南沟景区、岩画、沈家沟村圣灵泉生态旅游区、圣水泉、烽火台及山区水库等资源。木垒县的文化旅游资源详见表6-1和图6-2。

表 6-1　木垒县文化旅游资源统计表

| 级别 | 名称 |
| --- | --- |
| 自治区级 | 哈萨克族民间达斯坦、刺绣、拔廊房营造技艺、流水席习俗 |
| 州级 | 木垒哈萨克族合依萨、木垒维吾尔族塔合麦西热甫、木垒哈萨克族刺绣、木垒哈萨克族纳吾热孜节、木垒汉族民间歌谣、木垒汉族民间故事、木垒汉族民间谚语、木垒哈萨克族赛马、哈萨克族摔跤、木垒哈萨克族骨雕、木垒哈萨克族传统村落民居拔廊房营造技艺、木垒乌孜别克族婚礼、木垒汉族民间流水席 |
| 县级 | 木垒汉族民间绣活、木垒传统手工挂面制作技艺、木垒哈萨克族传统手工银制品制作技艺、木垒哈萨克族传统手工制皂技艺、木垒传统酝酿技艺 |

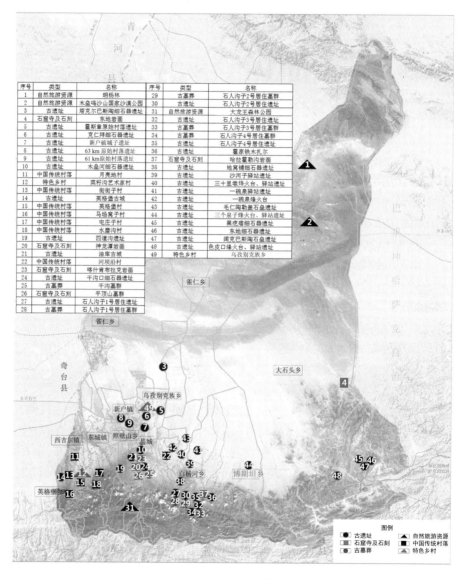

图 6-2　木垒县文化旅游资源分布图

## 6.2.2 短板与挑战

1）资源环境约束较大

主要表现在水资源总量不足和林草资源退化风险高。木垒县地处全国水资源短缺区域,为全疆缺水区域,农业用水占比大,与生态、生活和工业争水的矛盾突出。木垒县天然牧草地面积大,但由于水资源短缺,大部分牧草地质量一般,不适宜放牧。近年来,禁牧、草畜平衡及退牧还草等措施有效遏制了天然草地的退化趋势,但北部地区的荒漠生态退化问题尚未得到根本性扭转。

2）农牧业现代化水平不高

（1）农牧业结构不优

农牧产品产量大但优质产品少,部分农牧产品供求结构性失衡问题日益凸显,优质化、多样化、专用化农牧产品发展相对滞后。农牧产品的精深加工和三产融合不足,农牧产品加工企业大部分处在低层次阶段,农牧产品精深加工总体水平不高,以区域公用品牌、企业品牌、特色品牌等为核心的农畜产品品牌发展相对滞后。

（2）物流体系不够顺畅

农牧产品存在市场发育不充分、基础设施滞后、规模小、不稳定、信息不灵、销售渠道缺乏、管理体制不配套、辐射能力弱等现象,农牧产品的物流体系仍存在不够顺畅的问题。

（3）新型经营主体带动能力弱

全县农牧业新型经营主体数量偏少,农牧业专业合作社和基层社的实力参差不齐,龙头企业的示范带动作用不强,"企业＋农户""企业＋合作社"的契约化生产模式仍需完善。

3）乡村旅游基础薄弱

（1）产品结构单一

全县目前核心旅游产品以观光为主,功能结构单一,多数景区游乐、休闲、度假功能不足,不能留住过夜游客。景区之间缺乏有效合作,未形成串线优势互补,产业上下游未形成系统产业链,关联度不高。同时,旅游业与其他产业的发展协同度较低,亟须打破产业壁垒,构建新型产业格局。

（2）支持系统有待加强

首先,交通干线公路与旅游景区之间的连接不畅,旅游景区内交通设施建设滞后,游客观光十分不便,特别是南部山区一些有可能形成热点的旅游景点尚未产生效益。其次,基于"游、购、娱"的旅游产品层次较低,拉动消费能力不强,与基于"商、养、学、闲、情、奇"的新旅游六要素还有很大距离。第三,旅游从业人员普遍缺乏系统培训,服务水平参差不齐,服务质量、人员素质还不能适应旅游业快速发展的需要。最后,旅游市场缺乏有效监管,行业运行不够规范,在旅游旺季甚至发生欺客、宰客现象,这对木垒县旅游业的长远发展十分不利,旅游业制度规范亟待出台。

4)村庄国土空间格局有待优化

(1)村庄建设用地粗放

根据木垒县第三次国土调查,全县人均农村宅基地面积为 903 m²,显著高于新疆 390 m² 的人均农村宅基地面积水平,乡村存量建设用地尚存较大释放空间。

(2)公共设施存在不足

牧业村庄的基础设施建设相对完善,但农业村庄的公共设施明显存在短板,大部分村庄仍缺乏必要的污水处理、集中供暖等基础设施。同时,卫生、学校、文体等公共服务设施也存在配套不完善的问题。

(3)风貌品质有待提升

部分村庄房屋破旧,围墙为简单的土砖,屋顶普遍使用彩钢瓦,乱拉线缆、乱搭盖棚舍现象普遍,整体建筑环境风貌杂乱。绿化植树存在"种多死多"的问题,村庄内部的路边行道树、庭院美化等历史欠账较多。

## 6.3 乡村振兴总体布局

### 6.3.1 定位目标

根据木垒县地处乌昌地区东大门和天山北坡的地理区位特点,紧扣木垒县基于"山水林田湖草沙"的生态本底条件,以现代特色畜牧业、鹰嘴豆等特色农业种植及其精深加工、生态文化旅游为主要功能,提出木垒县乡村振兴的定位目标为"三城三基地"。其中,"三城"为生态之城、旅游之城与休闲之城,"三基地"为特色农产品精深加工基地、旅游基地和文艺创作基地,由此打造平安木垒、宜居木垒和幸福木垒。

根据"三城三基地"的总体定位目标,木垒县要进一步实现五大具体目标,由此为全面实现乡村振兴奠定基础。一是突出毗邻准东国家级经济技术开发区的优势,打造准东国家经济技术开发区的保障服务基地;二是突出小城大县和城乡布局相对集中的特征,打造昌吉州城乡融合发展示范区;三是突出优质农牧、能源、康养产品优势,打造乌鲁木齐都市圈优质后勤服务基地;四是突出生态、文化与康养资源优势,打造丝绸之路经济带休闲旅游名城;五是突出农牧业发展从品质规模向效率效益转化的目标,打造自治区农牧业现代化发展样板区。

### 6.3.2 总体格局

根据木垒县南天山、中绿洲、北荒漠的自然地理特征,规划打造集乡村振兴示范乡镇、示范村、示范项目和精品线、特色片区为一体,点、线、面有机结合的木垒县乡村振兴空间格局(图 6-3),构筑基于"133101"的乡村振

兴精品体系,谋划三大乡村振兴发展特色片区,同时对全县村庄进行系统
分类,为乡村振兴战略的全面实施提供精准决策依据。

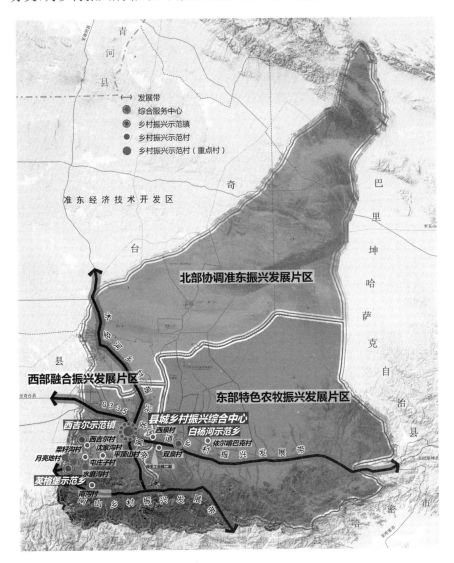

图 6-3　木垒县乡村振兴空间格局

1) 乡村振兴精品体系

(1) 打造 1 个乡村振兴综合中心

提升木垒县城为农服务的能力,完善县城乡村振兴的综合服务职能。

(2) 培育 3 个乡村振兴示范乡镇

重点培育西吉尔镇、白杨河乡、英格堡乡,将其建设成为引领全县乡村
振兴的示范乡镇。

(3) 打造 3 条乡村振兴发展带

在县域打造 3 条乡村振兴发展带,将乡村振兴的示范村、示范乡镇和
全县的重要城镇、景区、景点串联起来。

①木垒河乡村振兴发展带。依托木垒河,串联木垒县城、雀仁乡、大南沟乌孜别克族乡、新户镇、照壁山乡以及沿线的民生工业园、大龙王森林公园、天山木垒国家农业公园等重要节点,形成以城乡融合为特色的乡村振兴发展带。

②国道335乡村振兴发展带。依托国道335串联新户镇、木垒县城、白杨河乡、博斯坦乡和大石头乡,强化沿线民生工业园二期和三期、乡镇小微企业创业园、烽燧群等资源的整合,形成以各类园区、牧区、村庄互动融合发展的乡村振兴发展带。

③南山绿色乡村振兴发展带。依托规划的县域横五路、南山伴行路等交通干线,整合沿线的特色村落和天山木垒国家农业公园,突出南部天山的生态特色,将沿线乡村发展与国土空间生态保护修复、南部天山生态旅游、南山伴行公路风景线建设等进行有机结合,形成以绿色发展为主题的乡村振兴发展带。

(4)培育10个乡村振兴示范村

重点培育10个乡村振兴示范村:西吉尔镇水磨沟村、屯庄子村,东城镇沈家沟村,英格堡乡月亮地村、菜籽沟村,照壁山乡平顶山村,白杨河乡西泉村、双泉村,大南沟乌孜别克族乡南沟村,博斯坦乡依尔喀巴克村。

(5)打造1个村庄群

村庄群范围包括西吉尔村、沈家沟村、屯庄子村、菜籽沟村、月亮地村、水磨沟村和南沟村(图6-4)。要参考城市群发展思路,通过规划引导形成村庄群,进而以村庄群为单位,跨村域协同推动产业、基础设施和公共服务

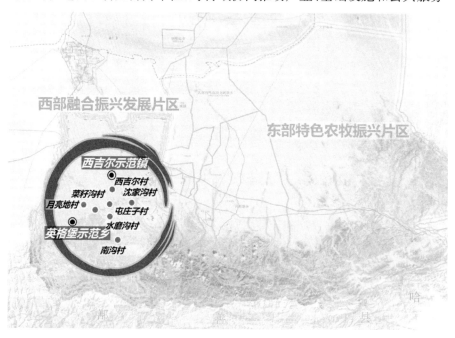

图6-4 村庄群规划范围图

设施建设,实现区域内乡村产业发展和生产生活条件的整体性改善。在产业联动发展上,村庄群要横向谋划优势主导产业如鹰嘴豆、红皮大蒜等的全面发展,纵向则要积极打造产业链。同时,各村要结合自身优势发展特色产业,如山粮糜子、贝母、黄芪等,实现错位互补,打造强村群体,铸就乡村振兴硬实力。在公共设施建设上,村庄群要以促进产业发展、提高村民的幸福感和获得感为目标,联片共建基础设施和公共服务设施,实现互联互通和共建共享,由此发挥公共设施的最大效益。

　　2)乡村振兴发展特色片区

　　按照地形地貌、城乡空间布局、产业发展特征和主体功能规划差异,在全县形成北部协调准东振兴发展片区、东部特色农牧振兴发展片区和西部融合振兴发展片区三大乡村振兴发展特色片区。

　　(1)北部协调准东振兴发展片区

　　北部协调准东振兴发展片区包括雀仁乡、木垒国家沙漠公园、准东经济技术开发区木垒区域及大石头乡等乡镇北部戈壁区域(图6-5)。该区

图6-5　北部协调准东振兴发展片区引导图

域乡村振兴发展应突出北部畜牧业发展基础,实现与准东岌岌湖产业园区、北部风光电新能源基地及木垒国家沙漠公园等重要产业功能区域的协调。要以产村协调为思路,打造协调准东综合配套基地,重点加强与准东岌岌湖产业园区的联动,发展与风光电新能源相互补充的特色农牧业和旅游产业。

（2）东部特色农牧振兴发展片区

东部特色农牧振兴发展片区包括县域东部白杨河乡、大石头乡和博斯坦乡(图6-6)。要以木垒羊品牌为龙头,推动传统畜牧业向现代畜牧业发展。要提升乡集镇的综合服务能力,壮大乡镇既有小微企业创业园区,带动相关农业、加工、物流和乡村旅游业发展,形成以特色农牧为主导,产加销和乡村旅游协调发展的乡村振兴发展格局。

图6-6 东部特色农牧振兴发展片区引导图

（3）西部融合振兴发展片区

西部融合振兴发展片区包括木垒县城及周边的新户镇、照壁山、大南沟乌孜别克乡、东城镇、西吉尔镇和英格堡乡。该区要发挥县城一小时通勤圈区位优势、农业与天山的生态优势,突出城乡融合与农旅融合的绿色发展思路,形成以县城为中心的城乡融合发展片区。要加强新户、大南沟和照壁山与县城的融合发展,加强英格堡、东城、西吉尔在特色农业及深加工、交通、旅游方面的融合,整合南部山区特色村落、天山木垒国家农业公园、马圈湾景区等农旅生态资源,实现农旅融合发展。

3) 分类推进村庄发展

顺应村庄发展规律和演变趋势,根据不同村庄的发展现状、区位条件、资源禀赋等,将全县村庄划分为城郊融合类、聚集提升类、特色保护类、搬迁撤并类计四类,分类推进村庄发展,建设立足乡土社会、富有地域特色、承载田园乡愁、体现现代文明的美丽乡村。具体的分类结果详见表6-2和图6-7。

表6-2 木垒县村庄分类规划表

| 大类 | 二级类 | 村名 | 数量 |
|---|---|---|---|
| 集聚提升类 | 农牧业专业型 | 果树园子村、东城村、东城口村、新沟村、头畦村、双泉村、三个泉子村 | 7 |
| | 工业服务型 | 西吉尔村、沙吾仑村、铁热斯阿勒克村、朱散得村 | 4 |
| | 旅游服务型 | 孙家沟村、庙尔沟村、白杨河村 | 3 |
| | 商贸服务型 | 正格勒得村、拜格卓勒村 | 2 |
| | 维护型 | 鸡心梁村、霍斯章村、阿克喀巴克村、阿拉苏村、北闸村、雀仁村、五棵树村、河中村、依尔哈巴克村、博斯坦村、乌克勒别依村、合然托别村、阿克卓勒村、阿克阔拉村、红岩村 | 15 |
| 城郊融合类 | 城市社区型 | 新户村、照壁山村 | 2 |
| | 乡村社区型 | 三畦村、周家塘村 | 2 |
| | 维护型 | 头道沟村、南闸村 | 2 |
| 特色保护类 | 名录保护型 | 屯庄子村、水磨沟村、河坝沿村、街街子村、月亮地村、马场窝子村 | 6 |
| | 文化资源保护型 | 菜籽沟村、四道沟村、霍斯阔拉村、大石头村、东沟村、羊头泉子村 | 6 |
| | 自然资源保护型 | 平顶山村、双湾村、沈家沟村、南沟村、阿克达拉村 | 5 |
| 搬迁撤并类 | 搬迁撤并类 | 阿克塔斯村、中兴村、黑山头村、西泉村 | 4 |
| 总计 | | | 58 |

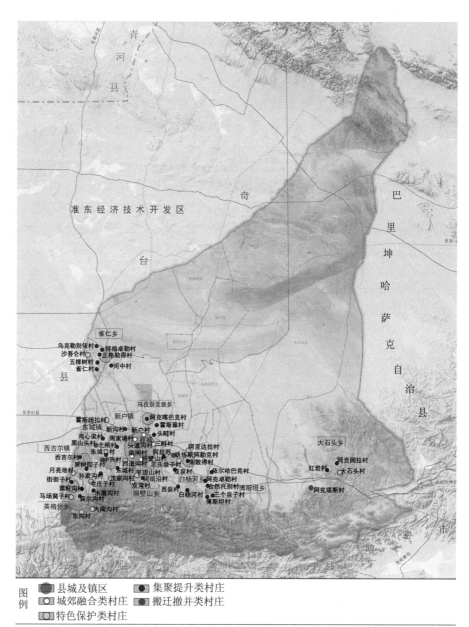

图例
- 🔲 县城及镇区　　　● 集聚提升类村庄
- ◉ 城郊融合类村庄　◑ 搬迁撤并类村庄
- ◒ 特色保护类村庄

图 6-7　木垒县村庄分类规划图

（1）聚集提升类村庄

现有规模较大的中心村确定为集聚提升类村庄。科学确定村庄发展方向和重点，大力发展农业型和休闲服务型村庄。以农业为主的村庄，要积极发展农业多种经营，提高农业生产效率和效益。以休闲服务业为主的村庄，要充分挖掘特色资源优势，完善服务配套设施，引导城镇居民到乡村休闲消费。

（2）城郊融合类村庄

城市近郊区以及县城城关镇所在地村庄确定为城郊融合类村庄。引导部分靠近城市的村庄逐步纳入城区范围或向小城镇转变，建设成为服务"三农"的重要载体和面向周边乡村的生产生活服务中心。

（3）特色保护类村庄

将历史文化名村、传统村落、少数民族特色村寨、特色景观旅游名村等特色资源丰富的村庄确定为特色保护类村庄。按照保护与提升并重的思路，全面保护历史文化资源、历史建筑和传统民居。注重民风民俗的传承和发扬，加快改善村庄基础设施和公共服务，提升村庄整体风貌和生活功能。着力发展具有文化特质、民俗特色的乡村休闲观光业，提升资源与文化价值，推动特色资源保护与村庄发展良性互促。自然历史文化资源丰富的村庄，要统筹兼顾保护与发展，以保护为主，注重保留历史文化元素，注重传统文化与现代文化的融合；移民村要根据移民特有的文化特色进行规划建设，深入挖掘、传承和保护特有文化；传统村落，要保护村落的传统选址、格局、风貌以及自然田园景观，挖掘社会、情感价值，延续和拓展使用功能。

（4）搬迁撤并类村庄

此类村庄是指位于生存条件恶劣、生态环境脆弱、自然灾害频发等地区或因重大项目建设需要搬迁的村庄。位于县域北部荒漠地区的村庄，要严格控制现有规模，原则上不进行大规模的基础设施和公共服务项目建设，鼓励人口向城镇或集聚提升类村庄集中；位于县域南部山区生态保护红线范围内的村庄居民点或村民住宅，要严禁开发建设活动，严格控制现有规模，待条件成熟和允许时，优先进行搬迁。

## 6.4 五大振兴规划

### 6.4.1 产业振兴

1）构建现代产业体系

根据木垒县的产业发展基础和未来预期，按照保障农业基础、突出旅游引领、促进三产融合的发展思路，构建基于"旅游为引领，特色农业和新能源产业共同发展"的乡村振兴产业体系（图6-8）。

（1）建设丝路经济带核心区休闲旅游名城

开发生态农牧业观光与体验旅游，以旅游带动农业发展和农牧资源保护。为此，要充分挖掘木垒县旱地农耕、民族民俗、丝路历史、军事古墓等文化旅游资源，推动木垒县乡村文化艺术发展，在保护传承历史文化的同时，打造木垒县"文化乡村游"品牌。要秉承大生态观，以"原乡、健康"为内核，发展生态康养旅游；要以冰雪资源优势开发全景式冬游产品，逐渐实现半年旅游向全年旅游的转型升级；要以新能源产业为内核发展集风电科普

木垒现代产业发展体系

| 建设板块 | 实施路径 | 建设内容 | 建设目标 |
| --- | --- | --- | --- |
| 乡村旅游 | 旅游+农牧业<br>旅游+文化创意<br>旅游+生态康养<br>旅游+新能源<br>旅游+智慧服务<br>旅游+品牌建设 | ① 开发生态农牧业观光与体验旅游，以旅游带动农业发展和农牧资源保护<br>② 挖掘农耕、古遗址、古墓、民族民俗等文化，推动木垒县乡村文化艺术发展，打造木垒县独特旅游标签，满足游客对当地文化体验需求，同时历史文化得以传承和保护<br>③ 秉承大生态观格局，以“原乡、健康”为内核，发展生态康养旅游<br>④ 以新能源产业为内核发展集风电观光和沙漠旅游为一体的度假区<br>⑤ 建设智慧旅游服务体系，塑造乡村休闲旅游品牌 | 丝路经济带核心区休闲旅游名城 |
| 特色农业 | 农业+旅游与加工<br>农业+品质升级<br>农业+大园区<br>农业+品牌 | ① 发展特色农业种植、现代畜牧产业，走好质量兴、绿色兴农之路<br>② 积极延伸农业链条，与加工业、旅游业联动发展<br>③ 推进现代农业园区、田园综合体建设<br>④ 强化木垒农副产品品牌建设 | 乌鲁木齐都市圈优质农产品保障基地自治区农牧业现代化样板区自治区现代农牧业强县 |
| 新能源产业 | 新能源+研学旅游<br>新能源+农业发展<br>新能源+农村建设 | ① 建设新能源研学基地，发展新能源科普旅游<br>② 建设光伏农业试验研发基地、太阳能光伏养殖场<br>③ 建设新型农村太阳能发电站，太阳能污水净化系统，生产农用太阳能小产品 | 木垒（准东）千万千瓦级清洁能源基地 |

图 6-8　木垒县现代产业体系框架及建设内容

观光和沙漠旅游为一体的度假区；同时，要加快建设智慧旅游服务体系，塑造乡村休闲旅游品牌。

（2）建设“一基地、一样板、一强县”

将木垒县建设成为乌鲁木齐都市圈优质农产品保障基地、自治区农牧业现代化样板区和自治区现代农牧业强县。为此，要大力发展特色农业种植和现代畜牧业，走好质量兴农、绿色兴农之路；要积极推进现代农业园区、田园综合体建设，促进农业规模化、现代化、特色化；要推进木垒县农副产品品牌建设，打造“木垒农产品”品牌；同时，要积极延伸农业链条，实现与加工业、旅游业的联动发展。

（3）建设木垒（准东）千万千瓦级清洁能源基地

建设新能源研学基地，发展新能源科普旅游；建设光伏农业试验研发基地、太阳能光伏养殖场、新型农村太阳能发电站、太阳能污水净化系统、生产农用太阳能小产品，以新能源发展助力木垒县全面实现乡村振兴。

2）优化空间格局

在打造现代产业体系的框架下，根据木垒县产业发展的现状布局和未来导向，规划打造形成基于“一个核心、三大片区、三条精品线路”的产业振兴发展的空间格局（图 6-9）。

（1）一个核心

一个核心指乡村产业综合服务核心。以木垒县城作为乡村产业综合服务核心，承担木垒乡村产业振兴的管理与服务工作。

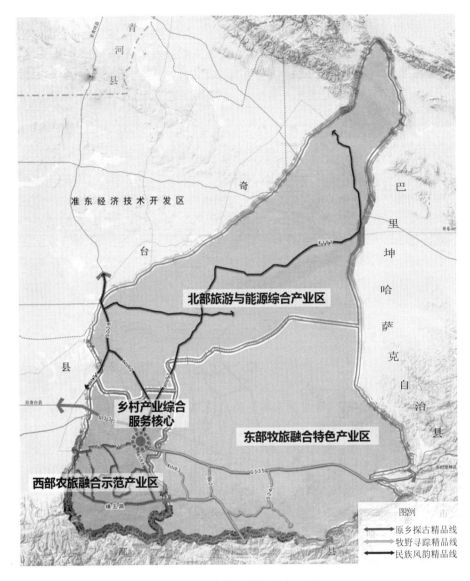

图例

→ 原乡探古精品线
→ 牧野寻踪精品线
→ 民族风韵精品线

图 6-9　木垒县产业振兴空间格局

（2）三大片区

三大片区包括西部农旅融合示范产业区、东部牧旅融合特色产业区、北部旅游与能源综合产业区。

西部农旅融合示范产业区以乡村旅游和特色农业为发展重点，大力推进农旅融合，打造木垒县产业振兴示范区。以产业联动为抓手，推动木垒县西部乡村旅游与特色农业、康养产业、文创艺术和冬季活动的业态融合，创新乡村旅游项目，开发乡村农事体验、哈族医药饮食、艺术文创体验、冰雪运动等旅游产品，增强木垒县乡村旅游吸引力。以提质升级为路径，积极谋划旅游精品线路，重点推进绿色有机豆、优质饲草料、经济作物、优质粮食作物和制种作物种植，塑造从作物种植、销售到加工、包装再到农业旅游为一体的产业链条,大力培育农旅产业龙头项目、优质品牌和产业平台。

东部牧旅融合特色产业区以畜牧业和乡村旅游为发展重点,推动牧旅融合发展。以产业联动为抓手,推动木垒县东部畜牧养殖向产品加工、销售和乡村旅游的延伸拓展,形成畜牧业"产加销旅"全产业链。以提质升级为路径,大力推动绿色有机牛羊肉优势生产区建设,谋划以线串点、以线带面的旅游精品线路,抱团共塑农牧业、民族手工业区域品牌,同时引入与培育龙头畜牧产品加工企业、乡镇小微企业创业园等产业平台。

北部旅游与能源综合产业区以乡村旅游和新能源产业为发展重点,重视乌孜别克文化的价值与旅游发展潜力。以产业联动为抓手,推动北部乡村旅游与乌孜别克民俗文化、鸣沙山、胡杨林等生态景观和新能源产业的融合发展,积极推出乌孜别克民族风情体验区、沙漠探险游、新能源展览馆等特色旅游项目。以提质升级为路径,谋划旅游精品线路,提升道路标识系统和服务驿站建设,塑造"木垒长眉驼""沙漠西甜瓜"等区域品牌,培育宝增甘奶制品加工等优质产业平台。

（3）三条精品线路

塑造三条乡村旅游精品线路,其贯穿木垒县重点地区,突出木垒县以旅游为引领的发展思路,各条线路要明确发展主题与重点,由此推动木垒县乡村旅游蓬勃发展。三条精品线路包括原乡探古精品线、牧野寻踪精品线、民族风韵精品线。

原乡探古精品线沿线是木垒县旅游资源分布最密集、类型最丰富的区域。该片区以天山木垒中国农业公园为龙头,发挥品牌带动作用,以打造旅游精品村、田园综合体和提升景点品质为重点,打造集农业观光与休闲、艺术体验、历史文化、生态康养于一体的乡村人文旅游精品线（图6-10）。

牧野寻踪精品线覆盖东部三乡的南部区域,线路东西跨度较大、线路较长,沿线旅游资源以牧业风光、畜牧产品加工体验、古墓群古石刻、军事设施遗址为主。精品线以牧野寻踪、历史回溯为两大主题,打造一批极具木垒县地域特色的牧野体验基地和历史遗址遗迹群。牧野寻踪主题将牧区风光、民族手工、奶旅养殖、农畜产品交易等与观光、休闲、体验相结合,重点打造7个牧野体验基地。历史回溯主题在重点做好古墓群、古岩画、烽火台、驿站的保护工作基础上,深挖文化价值、创新文化旅游产品、增强东部历史文化旅游吸引力。具体地,牧野寻踪精品线详见图6-11。其中,7个规划牧野体验基地包括草场风光体验基地、民族手工业观光体验基地、农畜产品交易中心、驴养生园、烧烤基地、圣水泉景区以及服装刺绣、柴火馕体验基地。历史遗址遗迹群包括古墓群（石人子沟墓群、霍加墓）、古石刻（哈沙霍勒沟岩画、和卓木沟岩画）、军事设施（一碗泉烽火台、三个泉子烽火台、三十里墩烽火台、色皮口烽火台）和驿站遗址（三十里墩驿站遗址、三个泉子驿站遗址、沙河子驿站遗址、色皮口驿站遗址、一碗泉驿站遗址）。

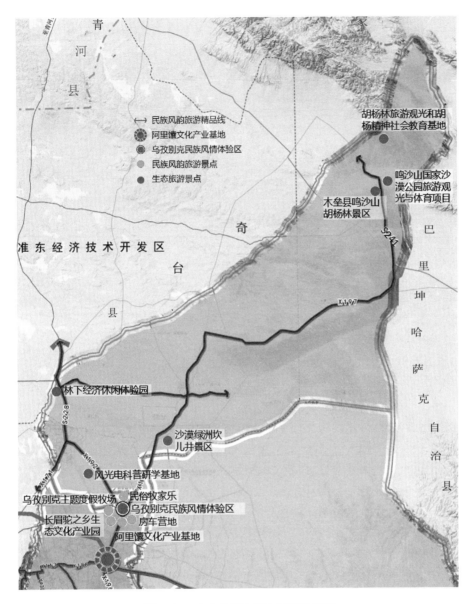

图 6-10　木垒县原乡探古精品线路图

　　民族风韵精品线沿线覆盖大南沟乌孜别克族乡、雀仁乡和大石头乡北部区域,省道 241 和县道 197 的建设弥补了南北跨度大、距离远的限制。沿线旅游资源以乌孜别克民族风情体验区为龙头,以民族风韵、生态旅游为主题,并结合坎儿井和胡杨林、沙漠等资源,打造一条集民族风情体验、创意民族手工艺品展示、农牧休闲体验、能源科普观光于一体的综合型精品线。

　　依托大南沟乌孜别克族乡打造乌孜别克民族风情体验区。大南沟乌孜别克族乡是全国唯一的乌孜别克民族乡,为木垒县发展乡村民俗旅游带来巨大优势,能够起到一定的龙头带动作用。在大南沟乌孜别克族乡定居

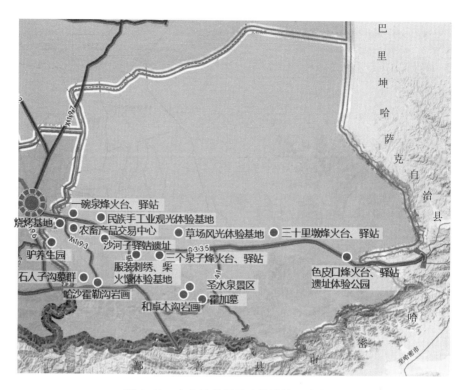

图 6-11　木垒县牧野寻踪旅游精品线路图

点阿克喀巴克村建设乌孜别克民族风情体验区，以休闲、体验项目为主，打造乌孜别克主题度假牧场、民俗牧家乐、长眉驼之乡生态文化产业园、阿里馕文化产业基地等项目，在展现乌孜别克民族风土人情、民俗文化的同时，能够推进手工艺品、旅游休闲食品的加工和销售。

民族风韵主题包括乌孜别克主题度假牧场、民俗牧家乐、房车营地、阿里馕文化产业基地、长眉驼之乡生态文化产业园。生态旅游主题包括沙漠绿洲坎儿井景区、木垒县鸣沙山胡杨林景区、鸣沙山国家沙漠公园旅游观光与体育项目、胡杨林旅游观光和胡杨精神社会教育基地、林下经济休闲体验园、风光电科普研学基地。具体地，民族风韵精品线详见图 6-12。

### 6.4.2　人才振兴

1）构建多元化多梯队人才体系

（1）培养农村二、三产业发展人才

重点培养农村创业创新带头人、农村电商人才和乡村工匠，全面打造木垒县农民工劳务输出品牌。

（2）培养乡村公共服务人才

打造一支合格的木垒县乡村公共服务人才队伍，具体包括加强乡村教师队伍建设、加强乡村卫生健康人才队伍建设、加强乡村文化旅游和体育

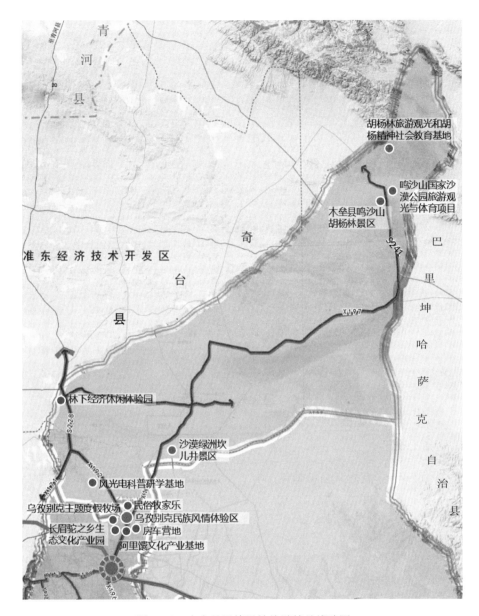

图 6-12　木垒县民族风韵旅游精品线路图

人才队伍建设,以及加强乡村规划建设人才队伍建设。

（3）培养乡村治理人才

加强木垒县乡镇村党政人才队伍建设,推动各级党组织带头人队伍整体优化提升。重点实施"一村一名大学生"培育计划,着力加强农村社会工作人才队伍、农村经营管理人才队伍和农村法律人才队伍建设。

（4）培养农业农村科技人才

加强培养木垒县农业农村科技发展的领军人才、创新人才和推广人才,进一步完善和壮大乡镇村科技特派员队伍,为乡村振兴发展提供坚实的科技支撑。

2) 加快培养生产经营人才

（1）培养农村实用型人才

加强农村实用人才队伍建设，开展人才等级认定，实施农民企业家、农村创新创业人才培育工程，加快培养农业领军人才和现代农业创业创新青年人才，培育一批家庭农场主和合作社职业经理人。着眼提高农民素养和技能，加大农民教育培训力度，提高农民科技文化素质，培养造就一支适应农业农村现代化发展要求的高素质农民队伍。同时，要发现和培养一批带动农民致富的能工巧匠和特色手工艺传承人，为打造木垒县实用型人才队伍夯实基础。

（2）培育特色专业型人才

重点培育木垒县传统村落保护的特色专业型人才。要建立健全决策共谋、发展共建、建设共管、效果共评、成果共享的传统村落保护协同机制，引导村民发挥传统村落保护发展的主体作用，加强对全县7个传统村落保护发展的指导和技术帮扶。按照住房和城乡建设部《关于开展引导和支持设计下乡工作的通知》（建村〔2018〕88号）要求，引导科研院校、设计单位积极为贫困地区传统村落提供设计服务，鼓励优秀设计人才、团队参与设计下乡服务，支持设计师和热爱乡村的有识之士以个人名义参与帮扶工作。加快培育木垒县传统建筑工匠队伍，保持和提升传统建造技术水平。

3) 优化人才发展环境

优化乡村人才发展环境，鼓励社会各界投身乡村建设，激励各类人才在农村广阔天地大施所能、大展才华、大显身手，为乡村振兴吸引集聚更多的人才力量。

（1）建立有效激励机制

完善人才培养、引进、使用、激励等方面的政策措施，营造良好的政策环境。积极培育、选拔和宣传返乡农民工创业创新先进典型，每年评选表彰一批返乡创业"农民工之星"。以"德才并重、业绩突出、行业公认"为标准，每3—5年评选一批木垒县乡村振兴优秀人才。强化人才待遇保障，设立乡村振兴人才开发专项基金，对引进的高层次人才、优秀人才积极发放安居补助、岗位补贴和科研经费等，确保人才能够安心在木垒县创新创业发展。

（2）加强人才服务

建立人才联系制度，重点关注在高等院校、科研院所工作和学习的木垒县各类优秀人才，精准编制"群英谱"。建立常态化关心慰问优秀人才机制，完善县级领导联系优秀人才工作制度，定期开展优秀人才培训疗养，定期跟踪服务返乡创业人才，及时协调创业项目遇到的资金、土地、审批等问题。条件成熟时，可谋划开设木垒县乡村振兴人才论坛、返乡人员座谈交流会，加强与人才的沟通联系。

（3）加大工商资本下乡

制定鼓励引导工商资本参与乡村振兴的指导意见，落实和完善融资贷款、配套设施建设补助、税费减免、用地等扶持政策。支持工商资本投资适合产业化、规模化、集约化经营的农业领域,发展智慧农业、循环农业、休闲旅游、环境整治等方面的综合经营,通过项目建设带动人才回流农村,为乡村振兴注入现代生产元素和人才支撑。

4)积极引进紧缺人才

(1)搭建紧缺人才工作服务平台

搭建木垒县乡村振兴人才工作服务平台,支持和引导各类紧缺人才通过多种方式服务乡村振兴。落实紧缺人才返乡留乡创业补贴、担保贷款等支持政策,将职称评定、突出贡献人才评选向乡村人才倾斜。鼓励引导企业员工、大学生、复转军人、外出务工农民、科技人员等到农村创新创业。允许农村集体经济组织探索紧缺人才加入机制,对长期在农村创业发展的紧缺人才,由政府或村集体为其提供必要的生产生活服务,农村集体经济组织可以根据实际情况提供相关的福利待遇。

(2)创建紧缺人才激励体系

实行更加积极、开放、有效的紧缺人才引进机制,吸引紧缺人才投身木垒县乡村振兴发展。研究制定管理办法,允许符合要求的公职人员回乡任职;推行"岗编适度分离"新机制,引导行业科技人员、专业技术人员向基层流动;推进选派选调生、大学生村官、"三支一扶"志愿者等方式,引导青年人才走进乡村,扎根基层,为乡村振兴发展贡献力量。利用各大高校开展"硕士、博士基层行"活动,推进与高校产学研项目合作。积极引导和支持各类新乡贤返乡,鼓励和支持新乡贤在农村产业发展、生态环境保护、乡风文明建设、农村弱势群体关爱等方面发挥积极作用。充分挖掘木垒籍在外人才资源,搭建人才交流平台,采取项目合作、课题研究、顾问咨询等方式,促进高层次紧缺人才回流。

5)做好人才保障工作

加强对乡村青年双创人才的培育扶持,完善融资贷款、配套设施建设补助、税费减免、用地等扶持政策,同时明确政策边界,保护人才的合法利益。鼓励和支持各类人才发挥自身技术、信息、资本优势创新创业,建立健全事业单位等专业技术人员到乡村和企业挂职、兼职和离岗创新创业制度。探索公益性和经营性农技推广融合发展机制,开展农村实用人才专业技术技能鉴定和考核评价工作,建立体现农村实用人才工作实际和特点的评价标准,提高履行岗位职责的实践能力、工作业绩、工作年限等评价权重,引导用人单位将职业资格技能等级与薪酬挂钩。完善农村生产经营、社会福利等政策体系,引导新型职业农民参加城镇职工养老、医疗等社会保障。

### 6.4.3 生态振兴

木垒县乡村生态振兴要重点加强乡村地域的"山水林田草"五大生态要素的分类管控(图6-13),要根据各类要素的现状特点,展开针对性的保护、整治与管控。

图 6-13　木垒县生态格局图

1）山体整治引导

要保护山体形貌、植被等自然环境和景观，进行修补性的植被恢复和培护，植被宜选用当地生长周期较短的品种。同时，要对山生态资源进行有效保护与合理利用，允许设置少量不影响自然生态景观的旅游设施。以水磨河谷为例，其两岸山体绿化植被稀少，生态功能差，景观单调。为此，要绿化山体空间，并进行景观提升工作，包括修复山林绿地，增加登山游步栈道、入口景观、登高观景台、祈福树、休憩座椅等设施（图 6-14）。

图 6-14　山生态治理引导图

2）水系整治引导

要保护水体不受污染，河道两侧 20—30 m 范围内应划为控制区域，制定严格管控要求。在村庄居民点河段应完善植物景观，设置步行景观路和各类景观节点，提供休憩驻足的空间场地；其余河道地段应进行植被恢复，建立乔灌草复层群落。滨水植物造景应兼顾生态性、观赏性和实用性，滨水绿化应以木垒县乡土树种为主。在具体管控措施上，首先，要对水系进行清淤疏浚，治理并美化驳岸生态环境。要清理水系淤泥石块，划定一定距离的河岸防护绿线,在沿河两岸修建人行步道并种植垂柳、灌木和花草,美化河岸两侧空间,建设滨水生态植物群落。其次,开展河岸整治工程。要清理河岸废弃物,美化河岸景观,可结合重点村组河段适当增加亲水栈道、休闲平台等绿道游览设施,建设徒步休闲景观连通工程,为村民及游客提供休憩、休闲、活动的滨水空间(图 6-15)。

增加垂柳、适宜花卉,增加灌木并与外围现状林木自然衔接,清理河道

河道现状:渠化驳岸生硬、河道有待清理、生物群落单一

增加滨河步道

图 6-15 水生态治理引导图

3)林网建设

要遵循"红线管控、用途管制、林地林用、违法必惩"的林地管控方针,加强木垒县林地保护工作。要广泛宣传,增强全社会的依法用林意识,同时要规范程序,严格征占林地的申请、审核与审批工作。要实施全县的农田防护林网建设工程,实施对象为土地沙化风险严重地区,实施措施主要有新建缺失的防护林带,补齐防护林网,增加防护林网总量;修复改造退化防护林带,对林相残破、枯死、病虫害、人为破坏等防护功能低下的退化防护林带进行修复改造,逐步提高防护林网质量,增强防护效能;调整优化防护林网结构,实行针阔、乔灌混交,优化防护林网结构。

4)绿色农田

要以打造绿色农田为生态振兴的重要目标。首先,大力推进农业节水。要深入推进农业灌溉用水总量控制和定额管理,贯彻落实《昌吉州落实自治区用水总量控制工作方案(2021—2015 年)》(昌州政发〔2021〕39号),根据用水总量,有序实施退地减水工程,将退地减水任务分解落实到各乡镇;加强取用地下水管理,逐步实现信息化远程智能控制,同时要加快推进农业水价综合改革。其次,集中治理农业环境突出问题。要划定农用地土壤环境质量类别,加大耕地土壤环境保护力度,解决农田残膜污染,加强农药包装废弃物回收处理。

5)草畜平衡

要分类推行草地资源管理,实施木垒县草畜平衡政策,保障全县畜牧业有序发展,推进生态环境持续改善(图 6-16)。要实行草畜平衡目标责任管理制度,各乡(镇)场是实施草畜平衡的责任主体,负责本行政区域内草畜平衡工作的组织和实施。县政府每年与各乡(镇)场签订目标责任书，乡(镇)场要强化对草畜平衡工作的管理，应与村委会、片区监理员签订责任书，将工作责任落实到村、牧户。

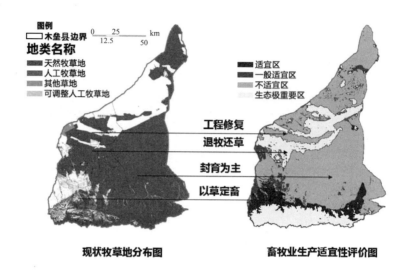

图 6-16　草畜治理引导图

### 6.4.4　文化振兴

1) 实施乡村文明提升工程

(1) 繁荣农村传统文化

开发传统农耕文化。在全县进行乡情村史陈列室、农耕文化博物馆、博览园、文化馆、遗址公园等再现木垒县乡村文明发展历程的设施建设，支持各乡镇充分挖掘和创新利用农耕文化，并强化教育、康养、景观和休闲功能。

挖掘利用非物质文化遗产。推动乡村地区传统工艺振兴，开展中国民间文化艺术之乡创建，推进互联网助推乡村文化振兴示范基地建设试点工作，加强新技术新媒体运用，加大木垒县乡村优秀传统文化、民俗文化的宣传推介力度。

保护发展传统村落。对全县范围内的传统村落实施挂牌保护，设立保护标识。保护与传承传统村落的物质文化遗产与非物质文化遗产，全面开展传统村落的村志编纂，留住并永续传承木垒县的乡愁记忆。全面落实照壁山乡河坝沿村、西吉尔镇水磨沟村、西吉尔镇屯庄子村、英格堡乡街街子村、英格堡乡马场窝子村、英格堡乡英格堡村、英格堡乡月亮地村等 7 个被列入中国传统村落名录的村庄保护规划要求，重点保护以下内容：①传统村落的格局和风貌；②与历史文化密切相关的自然地貌、水系、风景名胜、古树名木；③反映历史风貌的建筑群、地段、巷道、各级文物保护单位；④民俗精华、传统工艺、传统文化等。结合传统村落的自身特征,保护自然人文和历史文化环境,完善旅游服务设施,提升村落人居环境。

（2）丰富农村文化生活

构建农村智慧公共文化设施。健全城乡基层公共文化设施,完善公共文化设施网络体系。建设公共文化服务云系统,深入开展文化下乡活动,建设一批流动"阅读驿站",更新一批乡村图书馆。充分利用乡镇、村周边闲置土地资源,建设全民健身场地设施。

丰富娱乐体育设施类别。扩大投入建设农村文化阵地,力争每个行政村都有图书室、阅报室、棋牌室、黑板报、老年活动中心以及群众性文化娱乐体育设施。组织村民开展文化体育活动,丰富村民业余文化生活。

开展多种形式的群众文化生活。支持基层举办中国农民丰收节等节庆活动,打造城乡居民共享的乡村文化旅游融合新品牌。开展广场舞、农民剧团演出、书画摄影创作等乡村文化活动。持续开展西域农民艺术节活动。

（3）加强文化宣传与思想引领工程建设

加强文化宣传,培育文化氛围。建立健全吸引文艺骨干的激励机制,保障村级组织都有文艺骨干。充分发挥各级组织的主体作用,组建文体团队,开展文体活动。

增加公共文化产品和服务供给。创作推出一批木垒县乡村优秀文艺作品,策划推出一批农民喜闻乐见的广播电视和网络节目。强化"农村文艺演出星火工程"等公共文化服务品牌建设,组建"轻骑兵式"文艺小分队,结合乡村需要开展"订单式"公共文化服务。

确立村文化联络员,组织文化活动和比赛。每个村确立1名以上热爱文艺的村文化联络员,村文化联络员的主要职责是组织协调管理各种文化培训。不定期地举行文体比赛,设置名次和奖品,以提高村民的参与热情。

2）发展乡村文化产业

挖掘培养乡土文化本土人才,塑造一批富有木垒县特色的乡村文化品牌,建设一批特色鲜明、优势突出的木垒县优秀农耕文化、马背文化、丝路文化等产业展示区,打造一批特色文化产业乡镇、文化产业特色村和文化产业群。大力推动农村地区实施传统工艺振兴计划,培育形成具有民族和地域特色的传统工艺产品。积极开发木垒哈萨克、乌孜别克族等民族传统节日文化用品和刺绣、舞蹈、乐器等特色文化产业,促进文化资源与现代市场和消费需求有效对接。

3）文化振兴具体措施

（1）草原农耕文化

依托大南沟乌孜别克族乡农牧结合的乡村发展特征,以当地马背文化为依托,以农耕牧原为基础,引导农牧民通过房屋改造发展家庭式旅游业,形成一村一主题、一户一特色的振兴发展格局。鼓励并支持牧民积极打造精致型、养身型牧家乐,以餐饮业突出"游、购、娱"等旅游要素,将民俗村旅游与居住遗址展示相结合,打造木垒县乡村文化振兴的特色和亮点。

（2）民族刺绣文化

作为自治州级的非物质文化遗产，哈萨克民族刺绣具有较高的文化保护价值。依托哈萨克民族刺绣文化产业园，通过举办特色民族工艺节、民族刺绣时尚创意展等活动，推动木垒县刺绣旅游纪念品交易中心建设，将其打造成为新疆地区重要的刺绣文化品牌基地。

（3）胡杨礼赞文化

胡杨是包容文化的体现，体现了坚韧、顽强的意志，是对生命的礼赞，具有重要的生态文化研究价值。通过建设胡杨文化地标、胡杨生态文化园、艺术创作空间，举办胡杨文化节、胡杨摄影大赛、千年胡杨红带祈福活动，充分发挥胡杨礼赞的文化价值和文化带动作用。

（4）丝路历史文化

依托分布于国道335沿线的丝路烽燧遗址和驿站古道遗址，加快烽燧遗址的保护加固工作，完善旅游配套设施，增加沿国道335的相关标识系统和景观小品，增强烽燧群的吸引力。同时，加强与州内其他烽燧群旅游的协同合作，共同打造丝路历史文化。

（5）军事古墓文化

依托现有的古墓葬、古石刻、湿地、高山草原、天山云杉等资源，采用"保护为主、抢救第一、合理利用、加强管理"的原则，应用先进技术进行古墓葬和石刻的保护修缮工作，避免自然因素、开发建设对古墓葬和石刻的破坏，严厉打击文物盗窃现象，发挥军事古墓的文化带动作用。

### 6.4.5 组织振兴

1）加快乡村治理改革

（1）推进乡村法治

坚持法治为本，增强基层干部的法治理念，将政府涉农各项工作纳入法制化轨道。落实社会治安综合治理领导责任制，探索以网格化管理为抓手、以现代化信息技术为支撑，实现基层服务和管理的精细化和精准化，大力推进农村社会治安防控体系建设，推动社会治安防控力量下沉，努力推动基层社会形成办事依法、遇事找法、解决问题用法、化解矛盾靠法的良好法治环境。全面推进农村普法宣传教育，大力宣传《中华人民共和国民法典》《中华人民共和国土地管理法》《中华人民共和国乡村振兴促进法》等与群众息息相关的法律法规，推进乡村依法治理，规范涉农行政执法，完善县乡村公共法律服务体系，健全乡村矛盾纠纷化解和平安建设机制，深化法治乡村示范建设。推进法律咨询进基层活动，倡导通过民事诉讼、人民调解、劳动仲裁等法律途径解决矛盾纠纷，建设平安木垒乡村。

（2）完善乡村自治体系

坚持群众主体，充分发挥村两委、民主议事会、民事调解委员会、当地乡贤等的作用，打造多层次的基层协商格局，建立木垒县乡村自治体系。

发挥乡贤的积极作用,探索构建"村两委+乡贤会"的乡村治理模式,完善新乡贤参与乡村治理的机制,积极发挥新乡贤的示范引领作用。要以乡情、乡愁为纽带,吸引和凝聚各方面的成功人士,为木垒县乡村发展献计献策。激发村民主体作用,发挥基层党组织在基层治理中的领导核心作用,尊重基层和群众的首创精神,在党组织领导下发挥自然村村民理事会及其他社会力量的积极推动作用,激发农民内生动力。

(3)健全乡村德治体系

把立规立德作为净化农村社会风气的治本之策,突出村规民约观念引导和行为约束作用,激活农村传统文化活力,丰富乡村文化生活,形成良好的村风民俗,弘扬真善美,传播正能量,构建精细化德治格局。广泛开展社会主义核心价值观宣传教育,引导村集体成员以弘扬中华传统文化为载体,讲道德、尊道德、守道德,践行追求高尚道德理想的志愿行动。倡导良好向上的家风,组织开展"道德模范家庭和个人"评选活动,发动群众积极参与"好邻居""最美家庭、好媳妇、好儿女、好公婆""道德模范表彰""最美乡村教师"等评比,通过评议个人、家庭、社会的道德状况,形成鲜明的舆论导向,带动整个社会道德文明水平提升,改善城乡社会成员之间的人际关系,推动基层社会治理实现良性发展。

(4)加强数字乡村建设

推动大数据、互联网等数字化信息化应用向农村延伸,提高村级综合服务管理的信息化水平,逐步实现信息发布、民情收集、议事协商、公共服务等村级事务网上运行。积极构建覆盖县、乡镇和村三级的乡村大数据平台,打造全县乡村数据动态化、场景可视化、应用智能化的数字乡村管理模式。

完善农村地区与新技术相配套的基础设施建设,着力提升农村"新基建"发展速度,在农村加快布局5G、人工智能、物联网等新型基础设施,积极引入信息化主流技术,建设更为稳定高速的农村教育专网、医疗专网,最大限度地发挥互联网新型基础设施的效用,筑牢数字乡村的发展基础。支持数字乡村创新创业,采取切实可行措施鼓励人才下乡,多渠道、多形式地推动他们广泛参与数字乡村建设。加强对农村干部、新型农业经营主体以及广大农民数字化技能和知识的培训,切实提高农村劳动力的数字化水平和能力,调动农民的主动性和积极性,助力数字乡村建设。

2)加强基层党组织建设

以构建扎根群众的村级党组织体系为目标,创新农村基层党建模式,积极推动党建重心下移,把党支部建在村民小组上,进一步形成基于"镇—村—村民小组"的基层组织体系,为全县农村综合改革工作打下坚实基础。

(1)巩固党的执政基础

将党支部下移到村民小组,形成"支部建在一线、党员干在一线、作用发挥在一线"的基层党建新格局。提高村党组织及其党员的代表性和先进性,在团结带领村民开展农村综合改革工作、推动农村经济社会发展的过程中,进一步凸显党的领导核心地位,巩固党的执政基础,增强党组织凝聚力。

（2）增强基层党组织号召力

将党支部下移到村民小组,使村党组织触角变得更细、更敏感,使决策更容易形成集中,从而有效激发基层组织的活力。村党组织积极带领村民理事会、专业合作社等自治组织结合"一事一议"项目,主动引导村民参与公益类、公共服务类的社会管理事务,带领农民群众奔康致富,提升党组织在群众中的号召力和战斗力。

（3）增强基层党组织服务力

进一步织密"镇—村—村民小组"三级组织服务网络,结合乡镇领导干部驻点直接联系服务群众制度,加强村党组织和驻点团队双向沟通,有效解决群众反映强烈的热点、难点问题,打通联系服务群众的"最后一公里",提高党组织的服务能力。

（4）搭建党建云平台

突出"管理+科技"融合创新,充分利用"全国党建云平台"建设的良好契机,搭建木垒县党建云平台,打造宣传"快车道"。平台通过运用互联网和移动新媒体等技术手段,实现公共数据互联互通、共享公用,打造前台一窗受理、后台协同办理的一窗式服务,形成"上衔下接、立体覆盖、功能完善、服务便捷"的便民服务格局,推动基层减负、服务增效。

3）完善乡村网格化治理

积极构建乡村网格化治理模式,善用网格治理,坚持微事不出格、小事不出村、大事不出镇,以治理"一张网"承载矛盾化解、公共安全、为民服务、综合执法等事项,推进乡村治理精细化和高效化。

（1）科学划分网格

以自然村为单位,按照"人口规模适度、居住集中连片、服务管理方便"的原则,将20—30户划分为一个网格,每个网格配有一名网格员,依照网格大小不同,每1—2个网格设一名网格长。通过召开会议、群众推选、支部商定、党委考察等步骤,确定网格员,并将网格划分情况、网格内人员情况在村内进行公布和标识。

为网格员建立微信群,制定定期反馈制度,根据现有居民信息及群众需求进行网格内管理和服务,在走访过程中发现问题及时上传上报。依托党群服务中心和服务站,采取"自下而上"的采集报送与"自上而下"的分拨推送方式,及时了解本村各网格内的民生动态及百姓诉求,能及时答复、解决的当场答复、立即解决,短时间内无法解决的在村级备案并上报到镇,由镇级党群服务中心及包片领导协同解决。

（2）提升网格管理水平

全面提升网格员的管理水平。乡镇党委政府定期为网格员开展业务培训,提升网格员的知识、能力和水平,使其工作技能逐步走向专业化。引入专业人员,协助乡村治理,将司法所、信访办、扫黑办工作人员作为网格化治理的"编外人员"纳入专门志愿服务队伍,对村民进行普法宣传、政策解读、矛盾排查化解等工作,同时在村级成立矛盾调解室,为乡村治理提供和谐稳定的环境。

## 6.5 乡镇规划引导

### 6.5.1 英格堡乡

1) 优势与特色

传统村落众多,昌吉州8个传统村落有4个位于英格堡乡,传统农耕文化保留较好,同时,英格堡乡还拥有菜籽沟艺术家村落和月亮地村民宿旅游点。其中,菜籽沟村是全国3A级旅游景区,共引进了18位艺术家,乡村艺术气息浓厚,是名副其实的艺术家村落。月亮地村也是全国3A级旅游景区,具有浓厚乡土文化传承的古朴村庄景区吸引了大批文艺界人士和游客。

2) 乡村振兴重点问题

英格堡乡地力较好,农产品丰富,但农副产品精深加工及品牌建设滞后。乡村旅游潜力尚未完全挖掘,菜籽沟村艺术家规模和附属项目有较大开发潜力,月亮地村民宿规模和质量仍有较大提升空间,菜籽沟伴山公路内部精品小环线尚未形成,乡村旅游业态有待提升。部分旅游村基础设施较差,严重制约了乡村旅游发展。人才(画家)引进过程中,土地政策及财政支持政策存在体制机制障碍。

3) 发展定位

以发展特色林果为重点,以特色村落、现代文创艺术为特色,打造昌吉州重要的乡村文创基地,以发展乡村旅游为支点,带动全乡实现乡村振兴。

4) 振兴格局

通过强化农产品加工,促进三产融合,提升乡村旅游品质,形成"三区两线"的振兴格局(图6-17)。"三区"包括三产融合发展示范区、乡村旅游示范区和自然生态保育区。"两线"包括贯穿乡境的县道191和乡道429两条主要道路。三产融合发展示范区要大力发展农产品育种、加工、保鲜等产业,积极开发越野车基地、观光农业花海、生态采摘园、月亮湖景观等建设项目,壮大以月亮地为主的民宿产业集群,打造三产融合示范区。乡村旅游示范区要建设以菜籽沟艺术家村落为主的艺术家研学基地,积极引进艺术家入驻菜籽沟村开展文化交流活动,不断提升英格堡乡知名度;同时,要持续推动完善以街街子、马场窝子传统村落为主的旅游产品研发,如马场窝子村情人玫瑰谷、有机果蔬采摘基地等,打造旅游商品集散基地,推动形成"游、购、娱"的产业特色。自然生态保育区主要是位于南部山区的生态极重要区,要严格控制开发强度,坚持严格准入、限制开发,强化生态环境监管,做好自然生态环境保护工作。

### 6.5.2 西吉尔镇

1) 优势与特色

西吉尔镇拥有丰富的特色农产品如鹰嘴豆、山粮糜子、贝母和黄芪等,

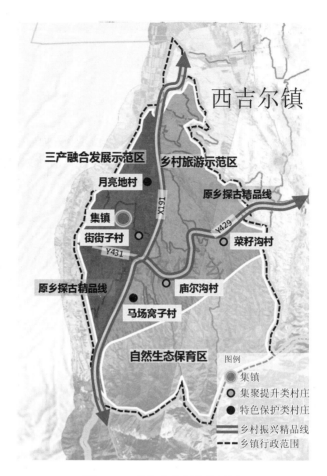

图 6-17　英格堡乡振兴格局图

农业种植效益较好。农产品加工基础好,拥有三粮酒厂、手工挂面厂、小杂粮加工厂等企业,带动了乡镇经济发展。同时,西吉尔镇还拥有国家4A级旅游景区即水磨河避暑休闲旅游度假区,景区横跨木垒县的大南沟乌孜别克族乡南沟村和西吉尔镇水磨沟村。

2)乡村振兴重点问题

三粮酒厂、手工挂面厂、小杂粮加工厂等配套产业有一定提升空间,以增强对产业和人口的支撑吸纳能力。水磨河景区目前以休闲观光为主,缺少休闲度假的相关专业化服务,景区的经济效益不明显,未充分带动人口就业和当地经济发展。

3)发展定位

以发展特色种养、农副产品加工为重点,以生态环境为支点发展医疗康养产业,打造木垒县西部中心镇。

4)振兴格局

规划形成"三区两带"的振兴格局(图6-18)。"三区"包括高效农牧业示范区、城镇产业经济区和水磨河休闲旅游区,"两带"包括原乡探古精品带和城镇发展拓展带。高效农牧业示范区要发展设施农业、规模养殖业及特色农产品种养业,为镇区农产品加工提供原材料。城镇产业经济区要突出发展农副产品加工业、反季节绿色蔬菜等高附加值特色农产品,依托三粮酒厂打造酒文化旅游小镇,成为全镇乃至全县经济发展的增长极核。水磨河休闲旅游区覆盖水磨沟村以及屯庄子村部分区域,拥有已开发的水磨沟、森林公园等景区,要集中打造集避暑休闲、民俗体验、生态观光于一体的综合性旅游区。原乡探古精品带即沿乡道432的南北向发展带,依次串联果树园子村、屯庄子村和水磨沟村,是镇域内村镇联系和对外联系的主要通道,也是游客原乡探古的重要通道。城镇发展拓展带即沿县道188的东西向发展带,是西吉尔镇农副产品和商贸物流的重要对外通道,是西吉尔镇与木垒县城区的连接路径,也是西吉尔镇区进行空间拓展的重要依托。

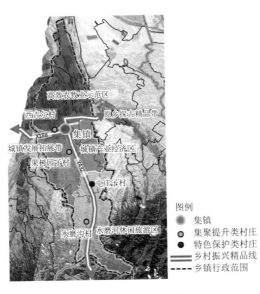

图 6-18　西吉尔镇振兴格局图

### 6.5.3　东城镇

1）优势与特色

东城镇拥有鹰嘴豆、紫皮大蒜、土豆、手工醋、挂面等各类特色农副产品,拥有孙家沟山花、金圣泉、银灵泉、万亩旱田等生态旅游资源和沿伴山公路的交通优势,乡村旅游蓬勃发展。同时,东城镇文化底蕴深厚,拥有东城古镇文化、四道沟遗址文化、非物质文化遗产"塔合麦西来甫"等一批历史文化资源。

2）乡村振兴重点问题

虽然有手工醋、紫皮大蒜等丰富农产品,但"产加销"及品牌建设落后。镇区风貌和基础设施较差,镇区门面房很多为危房,亟须加固改造,古城墙也有待修缮。

3）发展定位

依托特色农产品种植基础,发展休闲农业和农产品加工业;以非遗文化、历史遗迹、生态旅游资源为支撑,打造农业、文化、旅游相互渗透、三产融合发展的特色乡镇。

4）振兴格局

规划形成"三区一带"的振兴格局(图6-19)。"三区"指现代休闲农业及综合服务片区、生态旅游经济区和生态牧场经济区,"一带"指玉龙吐翠精品带。现代休闲农业及综合服务片区要以现代农业发展为核心,建设特色绿色有机蔬菜、花卉大棚基地、特色林果种植基地,打造东城镇休闲农业示范区;同时,要积极引进先进生产技术和生产设施,提供农业技术培训、金融咨询等服务。生态旅游经济区要加强古镇风貌及四道沟遗址的保护与历史文化传承,依托马圈湾、圣灵泉等自然景观及沿线特色村居,打造农家乐和牧家乐,大力发展生态旅游。生态牧场经济区要集中发展规模养殖业及特色种养业,加大畜牧品种改良力度。玉龙吐翠精品带要借助县道188建立和木垒县城区的联系,通过南北向乡道串联东城镇区、沈家沟、四道沟村和重要景点,吸引游客进入南部山区享受自然风光,借此发展生态旅游和农业观光业。

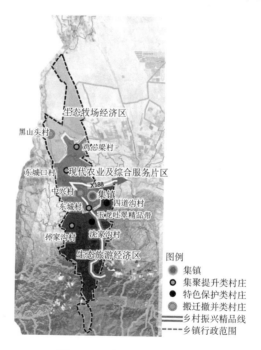

图6-19 东城镇振兴格局图

### 6.5.4 大南沟乌孜别克族乡

1）优势与特色

在交通上,大南沟乌孜别克族乡通过G7京新高速和县道192可方便快捷地通往胡杨林、鸣沙山景区。在农副产品加工业上，拥有新疆宝增甘食品有限公司和阿里馕文化产业基地，农副产品加工基础较好。在生态旅游资源上，南部山区的水磨河景区成功创建国家 4A 级景区，乡村旅游发展基础好。此外，大南沟乌孜别克族乡还是全国唯一的乌孜别克民族乡，乌孜别克民族文化独具特色。

2）乡村振兴重点问题

大南沟乌孜别克族乡的文化特色与产业新业态融合不足，文化旅游产品仍有较大挖掘空间。同时，庭院经济发展滞后，仍以牧业发展为主，发展庭院经济的意识较弱。

3）发展定位

以骆驼和马养殖、馕文化为产业特色，以乌孜别克民族风情体验区为核心，以文化旅游产业引领一、二、三产业联动发展，打造文化特色名乡和生态旅游强乡。

4）振兴格局

规划形成"一线一镇一区"的振兴格局（图 6-20）。"一线"指民族风韵精品线，"一镇"指乌孜别克民族风情小镇，"一区"指生态旅游区。民族风韵精品线借助 G7 京新高速和县道 192 经过胡杨林、鸣沙山景区的优势，推出乌孜别克民俗村寨、民沙山、胡杨林一日游休闲路线，让游客体验特色民俗风情。乌孜别克民族风情小镇要积极引导牧民加入村集体经济股份合作社，鼓励牧民将牲畜、草场以入股形式进行集中饲养管理，不断提高经济

图 6-20　大南沟乌孜别克族乡振兴格局图

效益;要以改善畜牧业生产结构作为主攻方向,鼓励发展骆驼、马等特色养殖业。要培育宝增甘奶制品加工示范经营主体,不断发展壮大阿里馕文化产业基地,重点推出环保柴火馕、牛乳香村馕;积极开发驼奶、马奶、马肠子、奶制品等特色旅游畜产品;大力培育民族刺绣产业,积极开拓其他种类的民族工艺品生产,打造县域民族工艺品生产基地。在乡村旅游发展上,要在定居点集中发展农牧家乐,打造乌孜别克民族风情体验区;要以体验式、休闲旅游为主,推进手工艺品及旅游休闲食品加工及销售,积极展现乌孜别克民族风土人情和民俗文化,打造乌孜别克族民族文化体验地。生态旅游区要以养心、养身的草原文化为主,大力培育挖掘乌孜别克族饮食文化特色小吃新模式,着力推进牧业与旅游、文化、康养等产业深度融合,规划在南部山区建设一批设施完备、功能多样的休闲观光旅游合作社、牧人之家、奶制品加工体验馆等。

### 6.5.5 雀仁乡

1)优势与特色

连接奇台县和胡杨林、鸣沙山景区的省道 228 穿乡而过,交通便利。特色农牧产品丰富,西甜瓜品质极佳,骆驼和马养殖产业具有一定优势。牛奶、驼奶等奶制品加工业有序发展,既提供了就业岗位,也提升了经济附加值。北部沙漠边缘林业资源优势突出,林下经济休闲体验园中有超过87 hm² 林木,生态环境极佳。

2)乡村振兴重点问题

虽然拥有西甜瓜、驼奶和马奶等丰富的农产品,但"产加销"及品牌建设落后。乡镇产业与芨芨湖工业区的产业融合联动发展不足,未能有效带动乡镇产业发展。

3)发展定位

以西甜瓜、骆驼、马等特色种养殖业为主导,以奶制品加工业为重点,打造准东后勤保障基地。

4)振兴格局

规划形成"一线三区"的振兴格局(图 6-21)。"一线"指民族风韵精品线,"三区"指农副产品生产区、牧业发展区和工业发展区。民族风韵精品线要依托省道 228 及沙漠公路,有序发展路边经济,打造带状精品线。农副产品生产区要发展林果种植(西甜瓜),积极申请西甜瓜农产品地理标志;推动建设农产品加工厂房,优化提升农副产品加工业;主动发挥供销服务作用,用改革创新的办法提升扶贫车间、小微企业的市场竞争力,推动奶制品、馕、刺绣、手工艺品等产业发展。牧业发展区要加大牲畜品种改良,加快"以小换大"步伐,大力发展奶业和养殖育肥业,并建成 1 个冷配站;要抓住骆驼养殖成本低、效益高的优势,依托木垒县部分开发公司及雀仁乡专业养殖合作社,加大骆驼养殖规模,打造驼奶、驼肉特色产业基地;同时,依托雀仁乡正格勒得养马农民专业合作社,针对养马经济效益不断凸显的优势,积极发展马养殖产业。工业发展区要抓住准东煤电煤化工产业带的发展机遇,重点打造岌岌湖工业区,为乡村振兴夯实产业基础。

图 6-21　雀仁乡振兴格局图

### 6.5.6　新户镇

1) 优势与特色

新户镇具有城郊乡镇的区位优势,其位于木垒县城北部,利于商贸服务业、城郊特色加工业和物流业发展。同时,新户镇的休闲农业基础较好,拥有草莓园、蔬菜采摘园和玫瑰花基地,城郊休闲旅游业发展迅速。

2) 乡村振兴重点问题

新户村已纳入县城总体规划,但社区水电等基础设施及物业管理问题较多,城乡融合的体制机制仍存在障碍,城乡一体化建设水平不高。村庄建设无序,缺乏有效管控,特别是三畦村、头畦村尚没有整体规划,断头路问题突出,房屋老旧,设施建设滞后。部分村民思想观念尚未转变,导致土地流转程度低,难以支撑农业现代化转型升级。

3) 发展定位

积极融入县城发展,以城郊农业为特色,以农副产品加工和商贸物流服务业为重点,打造木垒县重要的新城拓展组团。

4）振兴格局

规划形成"两带两区"的振兴格局（图 6-22）。"两带"包括木垒河乡村振兴示范带和 G335 国道乡村振兴精品带，"两区"包括高效牧业经济区、商贸物流及农业经济示范区。

图 6-22　新户镇振兴格局图

木垒河乡村振兴示范带要提升新户村木垒河沿线河道景观品质，G335 国道乡村振兴精品带要提升国道沿线的绿化景观水平和道路设施条件。"两带"共同构成贯穿镇域的纵横两条发展带，将沿线的各个村庄、园区有机串联起来，构成新户镇乡村振兴的主轴。

高效牧业经济区以新沟村、霍斯拉阔村、霍斯章村、头畦村的牧业发展为基础，要创新经营体制，优化现有牧业资源配置，加强基础设施建设，引导农牧民调整种植和养殖结构，由此实现牧业经济的提质增效，并带动周围村庄发展。商贸物流及农业经济示范区要重点打造三畦村的农家乐、牧家乐以及新户村的田园综合体和木垒院子，发挥三畦村、新户村的辐射带动作用，为新户镇服务业发展提供坚实保障。

### 6.5.7　照壁山乡

1）优势与特色

照壁山乡紧邻木垒县城，区位优势明显，同时拥有天山木垒中国农业公园、马圈湾景区、木垒大龙王森林公园，自然风景资源具有显著优势，具有发展生态旅游业的先天优势。

2）乡村振兴重点问题

城关休闲农业观光园设施老旧，不能满足现代休闲农业的发展需要。

农产品加工及品牌建设有待加强,小杂粮加工缺少龙头企业带动,市场营销和品牌建设不足。天山木垒中国农业公园虽然为国家 4A 级景区,但并未充分带动当地就业和经济增长,国家农业公园的品牌优势未能有效转化为经济效益。南部山区乡村的基础设施难以支撑未来发展,特别是不能满足南山伴行公路沿线乡村的旅游发展需求。

3)发展定位

以特色种养殖、休闲农业和生态旅游为主要功能,面向木垒县城,打造城乡融合发展的木垒县城重要拓展组团。

4)振兴格局

规划形成"三线三区"的振兴格局(图 6-23)。"三线"包括木垒河乡村振兴示范带、G335 国道乡村振兴精品带和南山伴行公路乡村振兴精品带,"三区"包括有机牧业经济区、产业融合示范区和生态旅游经济区。

图 6-23　照壁山乡振兴格局图

木垒河乡村振兴示范带要依托平顶山打造休闲农耕园,依托照壁山乡打造农旅融合发展示范园。G335 国道乡村振兴精品带要以沿线绿化、庭院房屋等为抓手,重点整治国道沿线的村庄建设风貌。南山伴行公路乡村振兴精品带要通过道路整治提高南山伴行公路的通行能力和可达性,通过绿化整治提升南山伴行公路的观赏性,以南山伴行公路沿线特色村庄为载体打造南山伴行公路乡村振兴精品带。

有机牧业经济区要以霍斯拉阔村、北闸村和头道沟村为依托,通过家庭农场及农民专业合作社的方式在原有基础上加大畜牧养殖规模,扶持与有机食品加工相关的企业,建立一整套有机畜牧产品生产、加工、销售相结合的产业模式,促进有机畜牧业的可持续发展。产业融合示范区要以照壁山村、南闸村和头道沟村为依托,推进照壁山乡的农业与休闲旅游业融合发展。生态旅游经济区要以双湾村为核心,依托其万亩旱田农业景观,围绕"农业+旅游"的产业融合发展模式,打造国家旱田农业观光园项目。

### 6.5.8　白杨河乡

1) 优势与特色

白杨河乡畜牧业发展基础好,潜力大。近年来,通过坚持草畜平衡战略和"以小换大"方针,白杨河乡逐步减少小畜数量,同步增加大畜数量,牲畜饲养量达5.8万头(只)。通过建设民生工业园二期,在全县率先引进并重点培育新疆锦世缘家纺有限公司、新疆美之羡肉制品有限公司等5家企业,带动了产业发展,促进了农民增收。村庄建设基础较好,道路硬化、绿化程度高,庭院经济发展取得显著成效。

2) 乡村振兴重点问题

农产品加工基本为初加工,产业链的延伸和集约化不足,上下游产业链聚集程度低。休闲旅游发展较为滞后,虽已建设养生园等休闲旅游项目,但整体发展较弱,对经济社会发展的推动作用仍不够。

3) 发展定位

依托紧邻县城的区位优势和良好的畜牧业基础,紧抓民生工业园二期落户机遇,打造成为园区的劳动力基地、原材料基地和休闲服务基地,进而建成全县农畜产品加销核心、畜牧业与二、三产业有机结合的乡村振兴示范乡。

4) 振兴格局

规划形成"三区两廊"的振兴格局(图6-24)。"三区"包括产村协调发展及农业种植综合片区、牧旅融合片区和生态畜牧业发展片区,"两廊"包括畜牧产业联动发展廊道和园乡融合发展廊道。

产村协调发展及农业种植综合片区要以民生工业园二期为重点,带动集镇周边乃至木垒县域的农村劳动力就业和农畜产品原材料配套,由此将其建设成为全县农畜产品加工销售核心;要规划布置功能齐全、设施完备的基础设施和公共服务设施,打造全乡政治、经济、文化、科技的综合服务中心。同时,要大力发展现代畜牧业,并调优农业种植结构,建立中药材、小麦、鹰嘴豆等高效作物高产示范田。牧旅融合片区主要以羊头泉子村为核心。该村产业基础良好,可大力发展庭院经济,规划打造成为以乡村牧

图例

- ⬤ 集镇
- ◎ 集镇提升类村庄
- ● 特色保护类村庄
- ◉ 搬迁撤并类村庄
- ⟷ 主要道路
- ▬ 乡村振兴精品线
- ╌ 乡镇行政范围

西泉村　铁热斯阿尔克村
集镇　　双泉村
牧旅融合片区
羊头泉子村　产村协调发展及农业种植综合片区
西泉村　白杨河村
园乡融合发展廊道
畜牧产业联动发展廊道
生态畜牧业发展片区

图 6-24　白杨河乡振兴格局图

家乐和文化体验(古祠堂)为主的近郊旅游片区,并配套露营、肉产品销售点、鲜奶订购点、民族手工艺体验馆、游牧食品加工观摩馆、儿童科普教育牧园等设施,由此为会议培训、公司团建、亲子游、朋友聚会提供完善的休闲场所和空间。生态畜牧业发展片区要加强草场的保护与管控,严控牲畜放养规模,加强农业面源污染防治,完善基础设施,鼓励有条件的乡村设置养殖小区,带动现代有机畜牧业发展。

畜牧产业联动发展廊道即沿国道335的畜牧产业发展带,将有效整合白杨河乡东部的大石头乡和博斯坦乡,以民生工业园作为这3个畜牧业乡镇的加销中心,由此实现畜牧业的抱团联动发展。园乡融合发展廊道以省道193为交通支撑,以民生工业园和小微企业孵化基地作为两大园区,周边乡村则作为园区企业所需农畜产品原材料的供应基地,二者形成紧密配套的产业链,由此实现园乡融合发展。要重点打造西泉村、羊头泉子村、双泉村3个特色村庄,将其建成牧民定居村建设样板,着实改善牧民居住条件,并可将其作为民生工业园的劳动力基地。

### 6.5.9 大石头乡

1) 优势与特色

大石头乡是木垒县畜牧业第一大乡,畜牧存栏达 11 万头(只),且羊肉品质极佳。小微企业蓬勃发展,成立和引进多家小微企业,其中,手工刺绣被评为木垒县妇女创业就业示范点,大石头创业基地被评为全国科普惠农兴村先进单位。文旅资源丰富,拥有鸣沙山、胡杨林、林则徐驿站、三十里墩烽火台等各类文旅资源,具有发展文旅产业的基础条件。

2) 乡村振兴重点问题

畜牧业发展基础较好,但相关设施存在一定短板,例如春秋草场的水电问题较大,阿克达拉村的粉草机需要三相电,东部片区村庄冬季养殖设施空间不足。此外,牧道建设也较滞后,饲草料种植规模还有待提升。小微企业订单不足,例如民族刺绣服装近年来订单不稳定,需要政策扶持。部分村庄住房质量较差,特别是大石头村、阿克达拉村、红岩村的住房质量亟须提升。

3) 发展定位

依托较大的养殖规模和极佳的羊肉品质、独特的沙漠生态景观资源,紧抓全县大力发展新能源产业的契机,打造以畜牧业为支撑、旅游业为引领、民族手工业为特色、新能源产业为创新的木垒县东部门户乡镇。

4) 振兴格局

规划形成"三区两廊"的振兴格局(图 6-25)。"三区"包括现代畜牧业发展片区、新能源产业与沙漠旅游片区以及天山生态保护片区,"两廊"包括沙漠旅游观光廊道和畜牧产业联动发展廊道。

现代畜牧业发展片区要以木垒牛羊品牌创建为核心,推动传统畜牧业向现代畜牧业发展,加速畜牧业实现规模化和集约化。要提升乡镇综合服务能力,壮大乡镇既有小微企业创业园区实力,带动相关加工、物流业态发展。新能源产业与沙漠旅游片区要引进风光电装备制造产业,并适当发展新能源科普和观光游。另外,要依托原始胡杨林和鸣沙山良好的生态景观资源,增加旅游配套设施,探索新的旅游业态,弘扬"胡杨精神",联合打造木垒沙漠生态旅游品牌形象。天山生态保护片区要实现严格的保护措施,确保天山良好的生态景观资源不受破坏。

沙漠旅游观光廊道要以省道 241 为交通基础,串联各个旅游点,打造集牧业观光体验、胡杨林观赏、鸣沙山体验等于一体的旅游精品线。畜牧产业联动发展廊道要以国道 335 为主轴,有效整合大石头乡西部的民生工业园以及博斯坦乡和白杨河乡,形成较为完善的养加销体系,延长畜牧产品精深加工产业链,实现区域畜牧产业的联动发展。

图 6-25　大石头乡振兴格局图

### 6.5.10　博斯坦乡

1）优势与特色

博斯坦乡草场质量较好,畜牧业发展基础较好,已连续 3 年举办了博斯坦乡良种生产母牛展示评比暨养牛示范户评比大会,同时,畜牧业基础设施建设也取得显著成效。博斯坦乡哈萨克族人数最多,哈萨克妇女善于刺绣编织,博斯坦乡已成为民族刺绣基地。此外,联通木垒与鄯善的木鄯公路位于博斯坦乡,是南北疆联系的重要通道。

2）乡村振兴重点问题

农牧业现代化发展滞后,农产品精深加工仍有较大提升空间,产业转型升级压力较大。全乡富余劳动力较多,解决就业问题是重中之重。

3）发展定位

依托较好的畜牧业基础以及木鄯公路沟通南北疆的交通优势，以优质畜牧养殖为主、种植业为辅，以劳务经济为出路，以民族刺绣和馕产业为特色，打造联通南北疆、对接鄯善的交通旅游节点乡。

4）振兴格局

规划形成"三区两廊"的振兴格局（图6-26）。"三区"包括劳务输出与农业种植片区、生态畜牧业发展片区和牧区特色生态旅游片区，"两廊"包括木鄯生态旅游廊道和畜牧产业联动发展廊道。

图6-26 博斯坦乡振兴格局图

劳务输出与农业种植片区是村镇集中分布的区域，农村剩余劳动力丰富，要主动与准东经济开发区对接，积极发展劳务经济，促进农民增收。另外，要调整优化农业种植结构，扩大饲草种植面积，形成和畜牧业发展相匹配的种植结构。生态畜牧业发展片区要加强草场的保护与管控，严控牲畜放养规模，加强农业面源污染防治，完善基础设施，鼓励有条件的乡村设置养殖小区，带动现代有机畜牧业发展。牧区特色生态旅游片区要利用博斯坦乡地处木巴公路旁、木鄯公路开通的交通优势，积极培养一批基于运输、修理、餐饮、住宿等为旅游配套服务的沿路经济。同时，要借力大浪沙水库建设和木鄯公路修建工程，大力发展周边旅游业,重点以大浪沙水库以南的自然优美环境和戈壁的坎儿泉、山区的圣水泉、岩画以及退牧还草、退耕还林等所形成的自然生态资源,建造一批牧区特色旅游景点。

木都生态旅游廊道要以省道241为交通基础,串联各个具有牧区特色的旅游点,打造集牧业观光体验、自然景观观光、民族特色体验等于一体的旅游精品线。畜牧产业联动发展廊道要以国道335为主轴,将博斯坦乡、大石头乡和白杨河乡有机串联起来,形成较为完善的区域性畜牧产业联动发展廊道,打造木垒县畜牧产业发展的重要基地。

## 6.6 乡村建设引导

### 6.6.1 村庄空间格局引导

1)山区村庄

针对"地形复杂、建设用地为块状和带状"的山区村庄特点,在保持村庄依山而建、傍水而居的总体格局基础上,确保建筑、街巷的肌理基本不变,再通过院墙改造、梳通局部道路网、街巷环境整治等方式改善村容村貌(图6-27),由此打造具有木垒县地域特色的山区村庄空间格局。

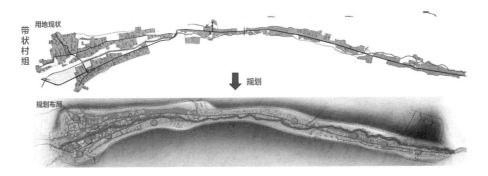

图6-27 山区村庄空间格局规划引导

2)平原村庄

针对"外围被农田包围,内部用地布局不紧凑,宅基地分散"的平原村庄,通过用地紧凑布局、集中统筹布置、见缝插针增添绿色斑块等方式进行空间整治和改造,同时为村民提供开敞式的公共活动空间,由此从整体布局上改变村庄面貌(图6-28)。

### 6.6.2 村庄公共设施建设

1)道路整治引导

将村庄道路分为4级,包括过境道路(对外交通,从村庄穿过)、主干

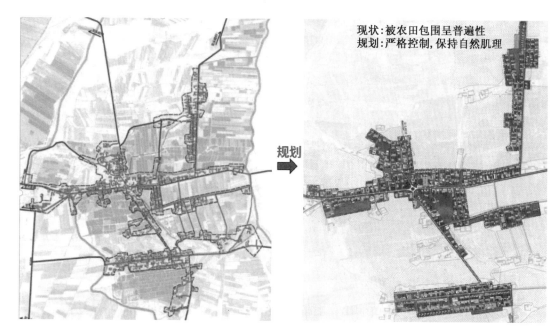

现状:被农田包围呈普遍性
规划:严格控制,保持自然肌理

规划

图 6-28　平原村庄空间格局规划引导

路、次干路和巷道,做到道路层级分明,便于分类管理。增设路界石,路界石一般安置在道路两侧油面边缘及绿化带外侧,其作用主要是能对道路进行保护,防止绿化浇灌水渗进路基(图 6-29)。

道路断面示意图

改造前

改造后

图 6-29　道路整治引导

部分村庄过境道路与宅院之间的隔离空间较小,道路边界不明显,要通过简单有效的方式进行整治改造。具体措施为增加绿化隔离带,当隔离空间较大时可种植经济作物,较小时则在围墙处种植藤蔓类植物(图 6-30)。村庄主次干道整治引导措施包括对道路进行景观绿化提升(图 6-31),对单侧宅院主次干道进行改造整治(图 6-32)。

图 6-30　过境道路整治引导图

图 6-31　道路景观绿化提升引导图

图 6-32　单侧宅院主次干道改造引导图

2）市政工程规划

（1）供水工程规划

规划期内，木垒县供水普及率达到100％，生活饮用水的水质应符合国家《生活饮用水卫生标准》（GB 5749—2022）的要求。全县共设置7个水库和9个水厂，能够为全县大部分乡镇和村庄集中供水，少部分偏远村庄及牧场以地下水为水源配备小型供水设施。

（2）排水工程规划

近期，继续实施城乡污水一体化建设项目，建成乡镇污水处理站4个，区域排水管网普及率达到80％以上，工业废水排放达标率达到80％以上，县城污水处理率达到80％以上。远期，排水管网普及率达到90％，工业废水排放达标率达到90％，县城污水处理率达到90％。

全县共设置1座污水处理厂和9处污水处理站，未能与城镇共建污水处理设施的村庄要自建污水处理设施。从经济角度考虑，也可几户共建一处小型污水收集设施，定期由吸污车处理。

（3）供热工程规划

对县城4家热力公司进行整合，全力推进乡镇集中供热工程建成投用。实施煤改电工程，将大南沟乌孜别克族乡打造成为无煤示范乡镇，将霍斯章村打造成为无煤示范村。新户镇和照壁山乡集镇区由县城供热设施供热，其他乡镇设置集中供热站，采用电热锅炉作为镇区及附近村庄的热源。各村庄根据实际情况选择供热方式，近期村庄公共服务设施采用电暖气、发热电缆供暖，村民住宅自行取暖。远期居民住房集中的村庄采用电热锅炉设施，并铺设供热管道实现集中供热；山区或条件不容许采用集中供热的村庄可采用电暖气、发热电缆供暖，也可在住房屋顶架设太阳能电池板，太阳能电池板专门用于电采暖供电。

（4）供电工程规划

全县规划设置1座220 kV变电站、5座110 kV变电站和8座35 kV变电站。各乡镇和村庄主要由35 kV变电站出线和10 kV电力线路网供电，采用10 kV杆上变压器或箱式变压器供电，主干线路采用架空线路。穿越各乡镇和村庄的供电线路保护控制范围标准为：220 kV线路走廊宽度为25—40 m，110 kV线路走廊宽度为15—25 m，35 kV线路走廊宽度为12—20 m。各种线路应尽量同杆敷设，杆线应结合道路自然取直拉平。

（5）通信工程规划

依托木垒县电信母局和各乡镇电信支局，加强全县农村通信设施建设。通信主干网络采用光缆网线路，引自木垒县移动通信局。各村庄通信线路以架空敷设为主，中心区域以地埋电缆为宜。根据需要对各乡镇电信所设备进行扩容，各村庄依据电信户数设置电信光接点，原则上每个村庄至少设置1个光接点。各乡镇按照服务半径500—1 000 m的原则进行移动基站建设。县城除已有的邮政局所外，另外依据邮政服务半径设置4个邮政所，同时在各乡镇均设置1个邮政所。

依托木垒县现有广电中心机房为全县提供广电服务。乡镇中心区广电线路可下地敷设,各个村庄内广电线路仍采用架空敷设,较为偏远且户数较少的自然村考虑到线路架设的经济性及利用率,可采用卫星接收器作为电视节目信号源。

（6）燃气工程规划

规划近期气源仍采用新疆吐哈油田天然气,由乌鲁木齐压缩天然气（Compressed Natural Gas，CNG）母站压缩后,用高压拖车运送至CNG减压站。远期,气源采用五彩湾煤电煤化工基地煤制天然气,使用管输天然气方式输送至木垒县天然气门站。

县城燃气设施规划近期依托现状木垒县CNG加压站供气,远期采用管输天然气气源后,将其改建为天然气门站,并新建储配站1座,将储备站用于调节采暖期供热用气,并规划CNG加气站1座。在乡镇燃气设施规划上,新户镇和照壁山乡共享县城供气设施。有燃气输送管道经过的乡镇和村庄,在条件容许时采用集中天然气供应,其他乡镇和村庄主要使用瓶装液化气。近期共设置8个液化气换瓶站,远期村庄燃气率达到95％以上。

（7）环卫工程规划

规划全县的垃圾收集处理模式为"户分类、村收集、镇转运、县处理",少数偏远村庄按照"户分类、村收集、就近处理"的分散模式进行处理。规划近期木垒县生活垃圾无害化处理率不低于60％,远期无害化处理率则不低于90％。

在垃圾收集处理设施规划上,木垒县县城及乡镇共设置1处垃圾卫生填埋场和9座垃圾中转站,各村庄内根据村民居住点分散程度设置垃圾收集点,并且沿路设置垃圾箱,定期经行转运清扫处理。距离县城垃圾填埋场20 km范围内的乡镇和村庄（新户镇、照壁山乡、白杨河乡和大南沟乌孜别克族乡）,其不可回收利用垃圾直接运至垃圾填埋场处理。距离县城垃圾填埋场20—50 km范围内的乡镇和村庄（雀仁乡、博斯坦乡、东城镇、英格堡乡、西吉尔镇、大石头乡朱散德村和阿克达拉村）,每个乡镇设置1处可移动式垃圾中转站（大石头乡朱散德村和阿克达拉村与博斯坦乡合并设置）,可回收利用垃圾通过中转站分类后运至县垃圾填埋场处理,不可回收利用垃圾直接运至县垃圾填埋场处理。距离县垃圾填埋场50 km以外的村庄（大石头乡大石头村、红岩村、阿克阔拉村）,则要建设小型生活垃圾无害化处理场,进行就地处理。

3）健全公共服务设施

根据居民获取公共服务设施付出的时间成本和通勤成本,把县域划分为由基本生活圈、一级生活圈、二级生活圈、日常生活圈构成的四级生活圈系统（图6-33）。鼓励以乡镇为单元统筹布局村庄公共服务设施,除小学、幼儿园、集贸市场外,宜将村委会、文化活动室、健身广场、舞台剧场等进行集中布置,形成村民活动中心和公共开放空间。旅游资源丰富的村庄,应增加相关的旅游服务设施,并根据实际可建设多处警务室。传统村落公共服务设施的设置应充分结合当地历史环境、建筑风貌和风俗民情。

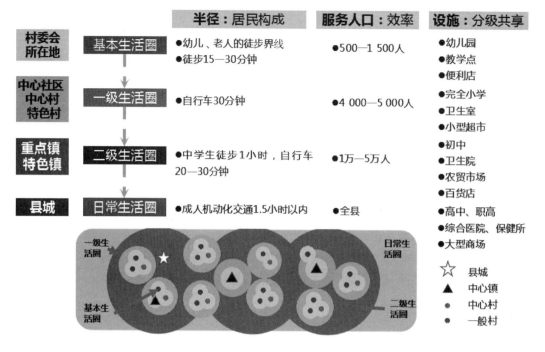

图 6-33　木垒县四级生活圈系统模式图

### 6.6.3　村庄风貌整治指引

1) 农业村庭院建设整治指引

农业村的庭院主要分为居住空间和庭院种植空间。对质量不好的危旧房屋及围墙应予以拆除重建,增加葡萄架、果园、菜地等功能,助力村民创收(图 6-34)。

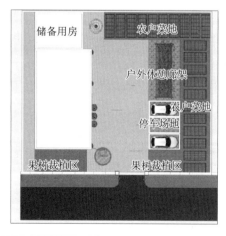
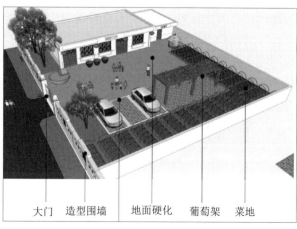

图 6-34　农业村庭院建设整治指引

2）牧业村庭院建设整治指引

牧业村的庭院主要分为居住空间、生产空间和庭院种植空间。庭院布局采用前庭后院的形式，前庭以果蔬种植为主，后院以小规模养殖为主，开设牲畜出入口。近期可保留后院养殖空间，远期集中养殖后逐步取消庭院养殖，可扩大庭院经济作物种植以增加村民收入（图6-35）。

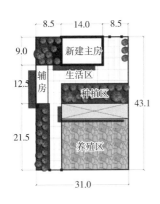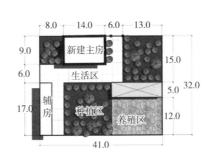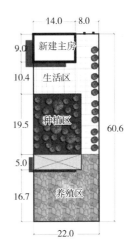

图6-35　牧业村庭院建设整治指引

3）拔廊房院落整治指引

拔廊房是木垒县农村传统民居的经典之作，具有特殊的历史价值和意义。要加大对传统村落拔廊房的修复保护力度，保留传统院落空间和建筑风格，丰富院落景观种植，体现地域特色（图6-36）。

普通居民方案一　　　　普通居民方案二　　　　普通居民方案三

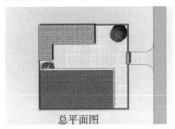

总平面图　　　　　　总平面图　　　　　　总平面图

图6-36　拔廊房院落整治指引

## 6.7 规划实施与保障

### 6.7.1 实施七大行动

1) 加快提升农产品有效供给能力

落实昌吉州"稳粮、优棉、强果、兴畜、促特色"的要求,壮大木垒县畜牧养殖特色优势产业。优化农业生产力布局,推进高产优质粮食示范基地建设,稳定粮食生产能力。深入实施林果业提质增效工程,发展精品林果产业。推进实施农区畜牧业振兴行动,优化畜牧业结构。大力发展区域特色农作物和设施农业,做优木垒县鹰嘴豆、白豌豆等特色产业,把小品种培育成农民增收的大产业。

2) 加快推进一、二、三产业融合发展

推动木垒县三次产业融合发展。以全县农业产业化为主攻方向,合理布局和建设一批现代农业产业平台载体,做精林果业,做大做强农副产品加工业等特色优势产业。重点发展鹰嘴豆、乳制品、休闲农业等三次融合产业,拓展农业多种功能,鼓励和引导各类社会资本进入农业领域,扶持和壮大一批农产品精深加工企业,争取培育 3—5 家产值超 5 亿元的领军企业,推动特色农产品从初加工向精深加工转变。

3) 强化农业科技和物质装备

深入开展木垒县乡村振兴科技支撑行动,实施一批重大农业科技和重点研发项目,强化动物防疫和农作物病虫害防治体系建设,完善农业科技社会化服务体系,建立农业科技人员包乡联村制度。大力推广应用先进农业机械,提升农业综合机械化水平。加快全县农业信息化进程,大力推进大数据在农业领域的应用,支持发展智慧农业。

4) 加快实施乡村建设行动

统筹县域城镇和村庄建设,整治提升农村人居环境,推进农村"厕所革命",抓好农村污水处理,完善农村生活设施,推进村庄绿化美化,不断改善村容村貌。扎实推进一批牵引性强、有利于生产消费"双升级"的农村基础设施工程,提升农房建设质量,抓好农村饮水安全巩固提升工程,改善农村生产生活条件。加强普惠性、兜底性、基础性民生建设,提高各学段教育教学质量,强化农村基层医疗卫生服务,推动全县乡村面貌发生明显变化。

5) 加快提高农牧民收入水平

充分挖掘木垒县农牧业内部增收潜力,强化二、三产业带动增收,扩大转移就业规模,落实强农惠农政策,推动资源变资产、资金变股金、农民变股民,确保全县农村居民人均可支配收入不低于全国平均水平。

6) 加快激活农村资源要素

巩固和完善木垒县农村基本经营制度,全面推广农村集体产权制度改革试点成果,加快壮大新型农村集体经济,推进农村宅基地制度改革。全面推行河湖长制和林长制,健全农业支持保护制度,深化供销合作社综合改革,加快推进国有农牧场、集体林权制度、草原承包经营制度、农业综合水价等改革,深化农业综合行政执法改革,不断激发农村资源要素活力,增强全县农村发展的内在动力。

7) 加快培养乡村振兴干部人才队伍

强化全县乡村党组织对辖区各类组织和各项工作的领导。按照政治过硬、本领过硬、作风过硬和懂农业、爱农村、爱农民的要求,选优配强乡村两级领导班子,进一步优化乡村振兴干部队伍结构,全面提升带领群众致富和乡村治理能力,加强对群众的服务和组织引领。坚持培养和引进相结合,引才与引智相结合;加快培养农业生产经营人才,二、三产业发展人才,乡村公共服务人才,农业农村科技人才;扩大存量、提高质量、优化结构,完善人才服务乡村振兴的激励机制,打造能够担当乡村振兴使命的人才队伍。

## 6.7.2 完善保障体系

1) 人才保障

畅通智力、技术、管理下乡渠道,创新木垒县乡村振兴人才培育引入机制,大力培育新型职业农民,加强农村专业人才队伍建设,吸引能人返乡创业,鼓励社会各界投身乡村建设,破格提拔在乡村振兴建设中贡献突出的基层干部人才。

2) 土地保障

落实国家关于乡村产业用地的保障政策与制度措施,明确县域农村一、二、三产业融合发展用地范畴,重点支持用于农产品加工流通、农村休闲观光旅游、电子商务等混合融合的产业用地需求,引导农村产业用地在县域范围内统筹布局。盘活村庄存量建设用地,推进土地整治,腾挪建设用地,推动宅基地复合利用和集体建设用地入市交易,为木垒县乡村振兴提供充足的土地资源。

## 6.7.3 优化经营模式

围绕木垒县的支柱产业和主导产品,优化组合各种生产要素,对农业和农村经济实行区域化布局、专业化生产、一体化经营、社会化服务、企业化管理,形成以市场牵龙头、龙头带基地、基地连农户,集种养加、产供销、内外贸、农科教为一体的经济管理体制和运行机制。

1) 平台组织协调型经营模式

该模式的基本结构为"政府＋农合联＋企业＋农户",其以"农合联"组织为依托,对某一产品实行跨区域联合生产和经营,并逐步占领市场。

该模式适用于在全县层面上做强优势主导产业,如鹰嘴豆、现代畜牧业等。

2)龙头企业带动型经营模式

该模式的基本结构为"政府+龙头企业+基地+农户",其以公司或集团企业为主导,以农产品加工、运销企业为龙头,重点围绕一种或几种产品进行生产销售,同时与生产基地和农户实行有机联合和一体化经营,形成"风险共担、利益共享"的经济共同体。具体的,木垒县乡村振兴可构建以木垒县鹰哥生物科技有限公司为龙头的鹰嘴豆产业集群,以新疆美之羡肉制品有限公司、木垒县加斯勒食品有限公司为龙头的牛羊肉精深加工产业集群,以新疆宝增甘食品有限公司等为龙头的奶制品加工产业集群。

3)其他模式

其他模式包括经济合作组织带动型经营模式(专业合作社或专业协会+农户或公司+合作社+农户)、实体市场带动型经营模式(专业市场+农户或专业市场+合作社+农户)、特色产业带动型经营模式(特色产业+农户)等,可以根据实际需求灵活选择相应的经营模式。

### 6.7.4 创新传导机制

顺应国家规划体系变革要求,有效衔接木垒县国土空间规划和"十四五"规划,健全规划实施的传导机制,确保规划能用、管用、好用。针对本次规划涉及的功能定位、指标体系、项目体系等核心内容,形成基于"县—乡镇—行政村"三级、基于"政策/功能、指标、布局、名录"四类的规划传导机制和体系。政策要重点突出全县乡村振兴定位与主体功能的细化落实,侧重针对性、差异化和可操作性的传导。指标传导应突出关键指标的分解落实,并作为乡村振兴战略实施的考核依据,侧重定量化考评。布局传导要突出空间意图的落实,采用弹性与刚性结合、点线面统一的管控引导方式。名录传导主要通过项目来进行,要明确项目的类型、规模、责任单位和空间,同时在项目实施时要有一定弹性。具体的规划传导内容详见表6-3至表6-5。

表6-3　木垒县主要传导内容(政策/功能)一览表

| 名称 | 内容 | 牵头落实单位 |
| --- | --- | --- |
| 乡村振兴总体定位 | 乌昌地区东大门,天山北坡山水林田湖草沙风貌特色鲜明,以现代特色畜牧业、生态文化旅游、鹰嘴豆等特色农业种植及其精深加工为主要功能,着力打造"三城"(生态之城、旅游之城与休闲之城),积极建设"三基地"(特色农产品精深加工基地、旅游基地和文艺创作基地),打造平安木垒、宜居木垒和幸福木垒 | 县委、县政府、县直各部门 |

| 名称 | 内容 | 牵头落实单位 |
|---|---|---|
| 乡镇总体定位 | 以特色林果和乡村旅游产业为重点,以特色村落、文创艺术为特色的昌吉州重要文创基地,为全县乡村振兴示范乡镇 | 英格堡乡 |
| | 以特色种养殖、农副产品加工为重点,依托水磨河流域发展医疗康养旅游产业的县域西部中心城镇和全县乡村振兴示范乡镇 | 西吉尔镇 |
| | 依托县城与民生工业园二期发展的县域重要劳务、原材料和休闲服务基地,全县农畜产品加工销售中心,畜牧业和二、三产融合的全县乡村振兴示范乡镇 | 白杨河乡 |
| | 依托特色种植基础发展休闲农业和农产品加工,以非遗文化、历史遗迹、生态旅游资源为支撑,打造农业、文化、旅游三产融合发展的特色乡镇 | 东城镇 |
| | 以骆驼、马、馕文化产业为特色,以乌孜别克民族风情体验区为核心,以文化旅游产业引领一、二、三产业融合发展的文化与生态旅游名乡 | 大南沟乌孜别克族乡 |
| | 以西甜瓜、骆驼、马等特色种养殖为特色,以奶制品加工为发展重点,打造准东重要的后勤保障基地 | 雀仁乡 |
| | 融入县城发展,以城郊现代农业、农副产品加工和商贸物流服务业为主导的木垒县城重要拓展组团 | 新户镇 |
| | 以特色种养殖、休闲农业和生态旅游为主,面向木垒县城城乡融合发展的木垒县城市重要功能拓展组团 | 照壁山乡 |
| | 以畜牧业为支撑,民族手工业为特色,旅游业为引领,新能源产业创新协调发展的县域东部门户乡镇 | 大石头乡 |
| | 以优质畜牧养殖为主导,饲草种植为辅,劳务服务、民族刺绣和馕产业为特色,联通南北疆对接鄯善县的旅游交通节点乡 | 博斯坦乡 |

表 6-4　木垒县主要传导内容(指标)一览表

| 分类 | 序号 | 具体指标 | 单位 | 2025 年 | 2035 年 | 指标属性 | 牵头落实单位 |
|---|---|---|---|---|---|---|---|
| 产业兴旺 | 1 | 粮食综合生产能力 | 万吨 | 22.35 | >25 | 约束性 | 农业农村局 |
| | 2 | 农业劳动生产率 | 万元/人 | 3.6 | 4.5 | 预期性 | 科技局 |
| | 3 | 农业科技进步贡献率 | ％ | — | >50 | 预期性 | 科技局 |
| | 4 | 三品一标农产品数量 | 个 | — | >70 | 预期性 | 农业农村局 |
| | 5 | 休闲旅游和乡村旅游经营收入 | 亿元 | 37 | 53.1 | 预期性 | 文化体育广播电视与旅游局 |

| 分类 | 序号 | 具体指标 | 单位 | 2025 年 | 2035 年 | 指标属性 | 牵头落实单位 |
|---|---|---|---|---|---|---|---|
| 产业兴旺 | 6 | 集体经济弱村数量（年入 10 万元以下） | 个 | — | 0 | 预期性 | 农业农村局 |
| | 7 | 农产品加工业产值与农业总产值比 | — | 0.08 | >1 | 预期性 | 农业农村局、商务和工业信息化局 |
| 生态宜居 | 8 | 农村生活污水处理率 | ％ | 22.69 | ≥85 | 预期性 | 生态环境局 |
| | 9 | 村庄绿化覆盖率 | ％ | — | 30 | 预期性 | 农业农村局 |
| | 10 | 农村卫生厕所普及率 | ％ | ≥70 | ≥75 | 预期性 | 农业农村局 |
| | 11 | 对生活垃圾进行处理的村占比 | ％ | 99 | 100 | 预期性 | 住房和城乡建设局 |
| | 12 | 农村清洁能源利用率 | ％ | — | >90 | 预期性 | 住房和城乡建设局、生态环境局 |
| | 13 | 废弃农膜回收率 | ％ | — | >90 | 预期性 | 生态环境局 |
| | 14 | 禽畜粪污综合利用率 | ％ | — | >90 | 约束性 | 生态环境局 |
| 乡风文明 | 15 | 村综合文化服务中心覆盖率 | ％ | — | 100 | 预期性 | 文化体育广播电视和旅游局 |
| | 16 | 县级以上文明村和乡镇占比 | ％ | — | >50 | 预期性 | 文化体育广播电视和旅游局 |
| | 17 | 农村义务教育学校专任教师本科以上学历比例 | ％ | — | 50 | 预期性 | 教育局 |
| | 18 | 农村居民教育文化娱乐支出占比 | ％ | — | >10 | 预期性 | 财政局 |
| 治理有效 | 19 | 村庄规划管理覆盖率 | ％ | — | 80 | 预期性 | 自然资源局 |
| | 20 | 建有综合服务站的村占比 | ％ | — | 50 | 预期性 | 政务服务中心 |
| | 21 | 村党组织书记兼任村委会主任的村占比 | ％ | — | 35 | 预期性 | 民政局 |
| | 22 | 有村规民约村的占比 | ％ | 100 | 100 | 预期性 | 民政局 |
| | 23 | 集体经济强村比重 | ％ | — | 5 | 预期性 | 农业农村局 |
| | 24 | 一村一法律顾问的村占比 | ％ | — | 100 | 预期性 | 市司法局 |

| 分类 | 序号 | 具体指标 | 单位 | 2025 年 | 2035 年 | 指标属性 | 牵头落实单位 |
|---|---|---|---|---|---|---|---|
| 生活富裕 | 25 | 农牧民人均可支配收入 | 元 | 17 657 | 23 500 | 预期性 | 统计局 |
| | 26 | 城乡居民收入比 | — | 1.7 | 1.6 | 预期性 | 统计局 |
| | 27 | 农村居民恩格尔系数 | % | — | <32 | 预期性 | 统计局 |
| | 28 | 农村自来水普及率 | % | 100 | 100 | 预期性 | 水利局 |
| | 29 | 具备条件的建制村通硬化路比例 | % | 100 | 100 | 约束性 | 交通局 |

表 6-5 木垒县主要传导内容(布局)一览表

| | 名称 | 类型 | 用途管控要求 | 空间落实区域 | 责任部门 |
|---|---|---|---|---|---|
| 总体格局 | 东部特色农牧振兴发展片区 | 弹性＋刚性管控 | 特色畜牧产业、劳动密集型手工业、乡村旅游、商贸物流 | 白杨河乡、博斯坦乡、大石头乡 | 白杨河乡、博斯坦乡、大石头乡 |
| | 西部融合振兴发展片区 | 弹性＋刚性管控 | 休闲旅游、特色农牧业、农产品加工、文化产业、天山生态保护 | 新户镇、照壁山乡、大南沟乌孜别克族乡、东城镇、西吉尔镇、英格堡乡、木垒县城南部天山 | 新户镇、照壁山乡、大南沟乌孜别克族乡、东城镇、西吉尔镇、英格堡乡、生态环境局 |
| | 北部协调准东振兴发展片区 | 弹性＋刚性管控 | 国家沙漠公园刚性生态保护、生态观光旅游、畜牧产业、新能源产业 | 雀仁乡、鸣沙山国家沙漠公园、北部准东管理区域 | 雀仁乡、生态环境局、文化体育广播电视和旅游局 |
| | 3 条乡村振兴发展带 | 弹性＋刚性管控 | 体现沿线风貌产业特色，串联重要景区、乡村节点，整治沿线环境，突出示范展示功能 | 木垒河沿线、国道335、规划横五路沿线 | 沿线各乡镇、农业农村局 |
| | 3 个乡村振兴示范乡镇 | 弹性管控 | 突出乡镇产业、文化与风貌特色，打造全县乡村振兴示范乡镇 | 白杨河乡、西吉尔镇、英格堡乡 | 白杨河乡、西吉尔镇、英格堡乡 |

| 名称 | | 类型 | 用途管控要求 | 空间落实区域 | 责任部门 |
|---|---|---|---|---|---|
| 总体格局 | 10个乡村振兴示范村 | 弹性管控 | 发展富民兴村产业,打造乡村振兴示范村 | 水磨沟村、沈家沟村、月亮地村、菜籽沟村、平顶山村、西泉村、双泉村、南沟村、屯庄子村、依尔喀巴克村 | 英格堡乡、西吉尔镇、白杨河乡、博斯坦乡 |
| | 1个乡村振兴综合中心 | 弹性管控 | 提升县城为农服务综合能力,完善为农服务的配套设施体系建设 | 县城 | 县政府及各直属部门 |

## 6.8 规划创新

### 6.8.1 增强乡村振兴动能

通过区域融合、城乡融合和三产融合,实现空间上内外联动、产业上三产融通的发展愿景,由此增强木垒县实现乡村振兴发展的动能。

1)区域融合

从区域角度出发,依托 G7 京新高速、国道 335、木都公路等交通干线,融入丝绸之路经济带核心区建设。通过加强与吐鲁番市旅游产业协作,共建旅游通道、共推精品线路,由此融入环天山旅游联盟。发挥木垒县特色农业、优质畜禽、生态、乡村民俗优势,加快融入乌鲁木齐都市圈。同时,发挥木垒县清洁能源基地和剩余劳动力比较优势,全面接轨准东发展,为准东发展配套建设优质劳动力供给基地、清洁能源基地和优质原材料基地,形成牧能互补、产村联动、交通互联的协同发展态势。

2)城乡融合

推进城乡基础设施一体化,将新型城镇化与乡村振兴有机衔接,推动城乡一体化供水、供热、污水、环卫、道路等基础设施建设。推进城乡公共服务普惠共享,将农牧民纳入社保体系,逐步构建城乡一体的城乡居民养老保险和医疗保险体系。强化镇村公共服务设施建设,加强农村基层医疗、商业金融网点、物流配送、文化体育设施建设,重点强化乡镇集镇公共服务设施软硬件建设水平,逐步消除城乡生活在便利性上的差异。加强城乡融合体制机制建设,改革创新城乡融合政策体系,打通制约城乡要素、人口、资金流动的制度壁垒。强化城乡发展平台融合机制,推动乡村与天山木垒中国农业公园、主要景区、民生工业园、重要深加工企业实现联动发展。

3）三产融合

拓展三产融合路径,发挥木垒县特色农业优势,打造现代农牧业全产业链。围绕以木垒羊、鹰嘴豆、中药材等特色产业,打造一批特色农业与二、三产业融合发展的产业项目,推动形成一批特色产业集群。培育三产融合主体,加强外部引进和内部培育,做强农业产业化龙头企业;鼓励农户和返乡创业人员开展多种经营,推动小农户与现代农业发展有机衔接,强化农民合作社基础作用,培育农民合作社联社,鼓励各种主体开展多元化的合作经营。建设三产融合载体,因地制宜形成以现代农业园区、现代畜牧园区、民生工业园为龙头,以家庭农场、田园综合体、农村小微创业园等为主体的多元化三产融合载体。

### 6.8.2　创建乡村振兴联合体

通过规划共绘、平台共建、资源共享、产业共兴、品牌共塑等手法,以资源相似、产业互补为导向,突破全县行政区域界限,大力培育一批乡村振兴联合体。

1）规划共绘

按照村庄布局、产业特色和自然地理条件,根据片区抱团发展的思路,将若干村统一进行乡村振兴顶层设计,统筹进行片区总体规划,重点从总体定位、产业发展、基础设施建设、职能分工、空间布局、项目体系等方面进行规划协调,共绘联合振兴的发展蓝图。

2）平台共建

在产业发展平台上,按照产业互补协作原则,成立如景区管理、实业发展、物业管理、田园综合体、家庭农场等多种公司化的经营平台。推动共建协调各村的工作联动平台,成立联合体管委会。推动共同建设乡村振兴的公共服务平台,重点在数字治理、金融服务、产权交易上打造统一的公共服务平台。

3）资源共享

在人才资源共享上,共享农牧业科技人才和乡村优秀管理人才。在品牌资源共享上,推动优质农产品公用品牌共建共享,实施统一的标准化基地建设,共享优质农产品品牌商标。在公共服务共享上,推动共享为乡村生产和生活服务的各项优质设施。

4）产业共兴

建设协调互补的产业体系,发挥各村各片的综合特色,结合产、加、销、旅等产业环节,形成各村分工明确、优势互补的产业体系。统筹布局全县农业基础设施体系,协同推进片区水利、灌溉、水肥一体化、灾害防治等农牧业基础设施建设。

5）品牌共塑

共塑木垒县乡村旅游品牌,联合打造以乡村康养、民俗民宿、牧家乐等为特色的一批特色乡村旅游品牌,实施统一管理、统一规划、统一营销、统一分客和统一结算,共建木垒县乡村旅游联盟。共塑木垒县农牧业品牌,共同打造一批农产品三品一标和区域公用品牌。

### 6.8.3 释放乡村发展动能

突出产业制度、乡村治理体系关键环节的集成改革创新,释放全县乡村振兴发展动能。首先,通过承包地流转、宅基地三权分置、进城农民权益保障、集体资产管理、闲置房屋流转等方式进行乡村产权制度改革。其次,通过对农业生产社会化服务体系、农产品流通服务体系、涉农金融信用服务体系进行改革,打造木垒县"三位一体"的农合联体系。最后,推进木垒县乡村数字化治理和网格化治理,推进基层党组织建设和平安乡村建设,健全社会化协同治理机制。

### 6.8.4 打造乡村振兴格局

因地制宜地打造城乡一体、相互支撑、各具特色的木垒县乡村振兴格局,将绿色生态的环境资源优势转化为具有木垒特色的美丽优势。按照城、镇、村联动发展的思路,以乡镇集镇区为依托,打造西吉尔镇、白杨河乡、英格堡乡3个美丽特色小城镇;选取10个具备一定资源、产业、文化特色和基层治理较好的村庄培育为美丽乡村特色村;发挥木垒县农牧民农村宅基地占地大的优势,培育不同层次和类型的美丽特色庭院;依托木垒河沿线、国道335和南山伴行公路,打造3条串联乡村节点的美丽乡村发展风景带。综上,通过整合木垒县乡村振兴资源,实现全县乡村的产业美、环境美和人文美,最终打造全域美丽的木垒县乡村振兴新格局。

# 7 安吉县天子湖畔村庄群规划

## 7.1 规划背景

安吉县是浙江省湖州市下辖县,是"绿水青山就是金山银山"理念的诞生地、美丽乡村建设的发源地和美丽乡村国家标准制定地。"安吉样本"已成为许多地方建设美丽乡村的重要参照。同时,安吉县也是浙江省"建设共同富裕现代化基本单元领域"的首批试点单位,是湖州各县区唯一获评单位。近年来,安吉县正以主力担当融入长三角一体化发展,积极探索美丽乡村创建新模式,率先提出了新时代美丽乡村样板片区建设,从而继续领跑新时代美丽乡村建设。

2017 年,位于安吉县天子湖镇的安吉天子湖通用机场正式投入使用,标志着安吉县通用航空产业发展进入了快车道。2020 年 6 月,商合杭高铁安吉站开通,标志着安吉县正式进入与杭州同城化发展的新时代。航空、高铁两大高端交通系统汇聚安吉,不仅提高了安吉县在区域发展格局中的地位,而且大大缩短了安吉县对外联系的时空距离,由此为安吉县全面实现乡村振兴奠定了坚实基础。

## 7.2 基地分析

### 7.2.1 规划范围

天子湖畔村庄群位于安吉县天子湖镇的西北部。天子湖镇位于安吉县北部,东连梅溪镇,南接安吉县城(递铺街道),西临安徽省广德县,北壤浙江省长兴县,是浙江、安徽两省三县汇合点,杭州都市圈与皖江城市带的交汇点,距离杭州市 68 km、南京市 150 km、上海市 200 km。在当前长三角一体化发展的时代背景下,天子湖镇正将其位于长三角腹地的地理区位优势转化为巨大的发展优势,在经济社会发展和生态环境保护方面取得一系列显著成绩,这为打造天子湖畔村庄群提供了良好的基础和条件。

天子湖畔村庄群的规划范围包括天子湖镇的高庄村、高禹村、余石村、长隆村和里沟村 5 个行政村(表 7-1,图 7-1),总面积约 52.8 km²,人口共

14 858人,其中,高禹村的面积和人口规模最大,长隆村的面积和人口规模最小。安吉高铁站、天子湖通用机场均位于天子湖畔村庄群的规划范围内,这也使得天子湖畔村庄群拥有得天独厚的交通区位条件。

表7-1 村庄群各村庄面积及人口一览表

| 编号 | 村庄名称 | 规模/km² | 人口/人 | 编号 | 村庄名称 | 规模/km² | 人口/人 |
|---|---|---|---|---|---|---|---|
| 1 | 高庄村 | 12.6 | 3 171 | 4 | 长隆村 | 5.99 | 1 793 |
| 2 | 高禹村 | 15.8 | 5 535 | 5 | 里沟村 | 6.58 | 2 168 |
| 3 | 余石村 | 12.9 | 2 191 | — | — | — | — |

图7-1 村庄群规划范围图

### 7.2.2 现状概况

1) 自然条件

天子湖畔村庄群规划区内地形以平原和低丘缓坡为主,区内农田分布相对集中,利用类型多样,田园风光优美。同时,规划区内水资源丰富,水系网络纵横,形态多样,有水库、河流、溪坑和池塘。总体上,规划区内田水相融,风光无限(图 7-2),具有打造生态田园空间的先天自然条件。

图 7-2　规划区现状自然条件

2) 土地利用

总体上,天子湖畔村庄群规划区内现状土地利用以农业用地为主,建设用地较为分散,水域占比较高。农业用地主要以生态农业、特色农业用地为主,农作物种植、水产养殖已成规模,主要包括瓜果、蔬菜、水稻、花木、茶叶、油菜、甲鱼养殖等。在建设用地上,只有高禹村的建设用地相对集中,已呈集镇形态,高庄村、余石村、里沟村和长隆村的建设用地则呈分散布局。规划区内水域面积占比较大,主要包括天子岗水库、郭吴溪,以及小型水库、水塘、鱼塘等其他水域。具体地,规划区的土地利用现状如图 7-3所示。

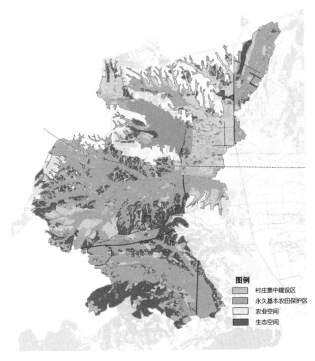

图 7-3　村庄群规划区土地利用现状图

3）道路交通

规划区的对外交通设施主要有安吉高铁站、天子湖通用机场、高铁站客运中心，主要对外交通道路包括国道235和高铁大道。在内部交通上，主要有西北线和东长线两条内部通道。在停车设施上，现状每个村庄均结合公共服务设施布局多个小型停车场。现状道路交通情况详见图7-4。

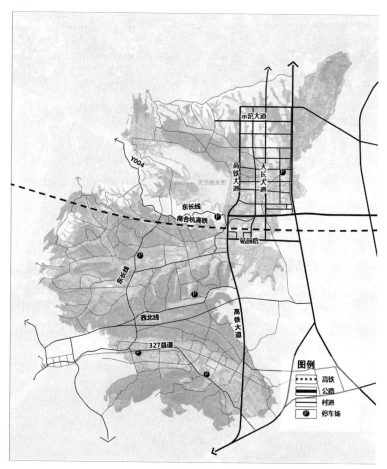

图7-4　村庄群规划区现状道路交通分析图

4）公共服务设施

规划区的现状公共服务设施较为齐全，其中，高禹村的公共服务设施的能级较高，配建的镇级公共服务设施相对完善，包括中学、小学、幼儿园、社区服务中心、卫生院等。其他4个村则配建了相对完善的村级公共服务设施，包括党群服务中心、村民活动中心、文化礼堂、体育健身小广场等。值得一提的是，高禹村还拥有一批特色公共服务设施：浙江省第一个数字影院、村级图书馆和移民文化馆，还建立了浙江省最大的集住宅休闲、餐饮、娱乐、健身为一体的多功能小区式村级老年公寓。现状公共服务设施情况详见图7-5。

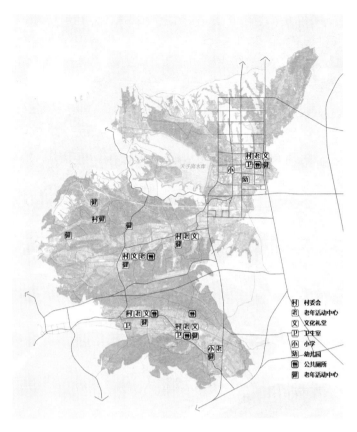

图 7-5　村庄群规划区现状公共服务设施分析图

5）建筑条件

高禹村、高庄村、余石村的新村居民点内多为近年新建的民居建筑,规划布局较合理,建筑层数以 3—4 层为主,质量较高,总体风貌较统一。余石村、里沟村、长隆村的主要居民点多为村民自发建成,层数 2—3 层,质量相对较高,但总体风貌不尽协调,缺乏统一。余石村、里沟村、长隆村散布在田间的居民点建设年代相对较久,布局零散,建筑多以 1—2 层为主,总体风貌相对较差,有待进一步提升改造或重新安置。

6）产业经济

农业产业基础较好,形式多样,拥有明康汇安吉基地、高庄村甲鱼养殖基地、高庄村豆宝乐园等一批农业产业基地和园区。明康汇安吉基地位于里沟村长山岗组,占地面积约 73.33 hm²,其中现代设施面积 17.33 hm²,主要为叶菜类生产基地。高庄村甲鱼养殖基地占地超过 200 hm²,有甲鱼养殖户 180 户,并成立甲鱼专业合作社,实行统一养殖标准、统一品种、统一供苗和统一经营。高庄村豆宝乐园包含采摘游、科普教育、农事体验、亲子活动等乡村旅游业态,是一个集休闲观光、乡村康养于一体的循环型农业园区。高老庄猪文化产业园占地约 1 hm²,建设内容包含游客购物中心、企业文化展示中心、酒店、体验工坊以及相关休闲旅游配套设施等。罗氏沼虾种质库和休闲农业项目位于高庄村,项目分两期进行:一期建设种质库,二期建设罗氏沼虾主题休闲乐园。总体上,规划区现状产业发展情况详见图7-6。

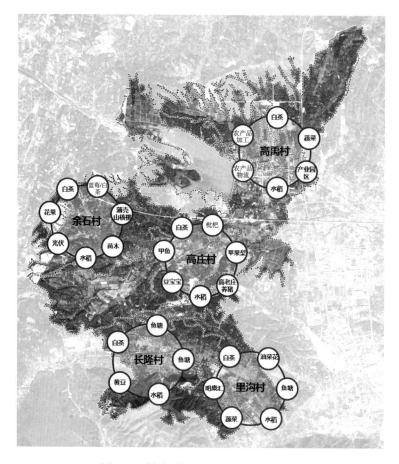

图7-6  村庄群规划区现状产业分析图

7）文化资源

在物质文化遗存上,规划区内拥有多个县级文物保护单位和县级文物保护点,包括保罗石桥墓群、牛头山敌台遗址、山冲墓群、宝梵寺、金沙冲墓群、栗树林遗址和土木岭墓群。文物保护单位、文物保护点主要位于里沟村和长隆村。在非物质文化上,主要有长隆村的板凳龙。在特色文化上主要是移民文化。天子湖镇是典型的移民镇,以安徽、河南、湖南、湖北四省移民为主,风格迥异的移民文化碰撞融合成天子湖镇的淳朴民风,铸就了天子湖镇独有的包容精神,进而奠定了天子湖镇“海纳百川、有容乃大”的胸怀和格局。具有代表性的文化资源详见图7-7。

8）现状总结

在产业经济上,虽然村庄群的整体资源优势较好,并有一定的产业发展基础,但现状5个村各自为营,差距较大,缺乏整合。高禹村、高庄村的产业基础较好,其他3个村的产业基础相对较弱。在建设空间上,规划区

图 7-7　村庄群规划区文化资源现状

北部的高庄村和高禹村的建设较为有序,村庄形态相对完整;南部的里沟村、长隆村的整体形态较为零散,村庄建设集约度不高。在景观环境和文化上,规划区整体自然景观条件和文化基础较好,但文化元素没能充分体现在景观环境建设上,特别是余石村和长隆村的景观环境仍有较大提升空间。在公共设施上,规划区的公共服务设施相对完善,特别是高禹村拥有最齐全的公共服务设施。在基础设施上,规划区的道路等级较低,交通条件有待改善。

### 7.2.3　各村特色

1)高禹村

高禹村位于规划区的北部地区,隶属于天子湖镇集镇,集体经济雄厚,产业基础较好,公共服务设施相对最完善,道路交通条件也相对较好,具有打造中心村的基础和能力。

2)高庄村

高庄村是美丽乡村示范村、省级善治示范村、省级民主法治示范村、市级产业示范基地、县级"十佳特色产业强村"、县级"中国美丽乡村精品示范村"、省级 2A 级景区村庄,天子湖通用机场坐落于此。同时,该村特色产业突出,拥有高老庄猪文化产业园、高庄村甲鱼养殖基地(浙北甲鱼第一村)、稻鳖共生水产养殖基地、罗氏沼虾养殖基地、富民现代产业园等一批特色产业园区和基地。

3)余石村

余石村是坡地村庄、花果名村,是省级"坡地村镇"、县级"十佳特色产业强村"、县级"中国美丽乡村精品示范村"、市级民主法治示范村、市级乡村治理示范村。特色产业有正泰光伏基地、兀泉山庄、蓝莓基地、薄核桃基地、梯田茶园等。

4)里沟村

里沟村是省级 2A 级景区村庄、省级卫生村、市级乡村治理示范村,有明康汇现代农业产业园、油菜花种植基地等农业园区,在现代农业规模化种植上具有一定的特色和优势。

5)长隆村

长隆村拥有靠山临水的居住空间和广袤的田园空间,是省级善治示范村、市级美丽乡村。长隆村文化资源丰富,有牛头山抗金文化遗址、长隆板凳龙、宝梵寺等,同时,其农业基础较好,在生态茶园上具有一定优势。

### 7.2.4 调研分析

为了更加全面清晰地获得社会公众对天子湖畔村庄群规划的意见和建议,规划采用了调查问卷的方式进行公众调查。问卷调查从 2021 年 9 月 9 日持续到 2021 年 9 月 20 日,共回收有效问卷 321 份。针对问卷进行系统分析,结果详见图 7-8 至图 7-13。

图 7-8　村庄群规划区调查问卷内容

长隆村 18.07%
高庄村 44.24%
余石村 10.59%
里沟村 0.93%
高禹村 26.17%

■ 小学以下 1.25%
■ 小学 7.17%
■ 初中 39.25%
■ 高中 20.25%
■ 大专以上 30.53%
■ 无 0
■ 空 1.55%

1.0万元 2.49%
1.1万元—3.0万元 9.04%
3.1万元—5.0万元 15.89%
5.1万元—8.0万元 24.61%
8.0万元以上 41.74%
其他 4.05%
空 2.18%

■ 务农收入 9.19%
■ 本地打工 59.62%
■ 外地打工 4.18%
■ 个体经营 24.79%
■ 集体分红 0.83%
■ 其他 1.39%

图 7-9　村庄群规划区调查问卷人群分析

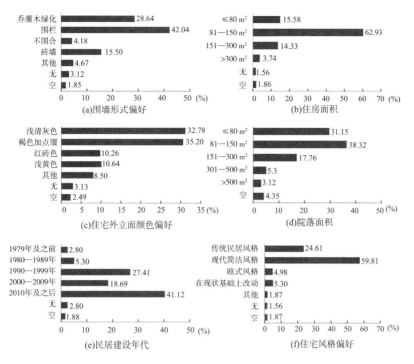

图 7-10　村庄群规划区居住情况调查分析

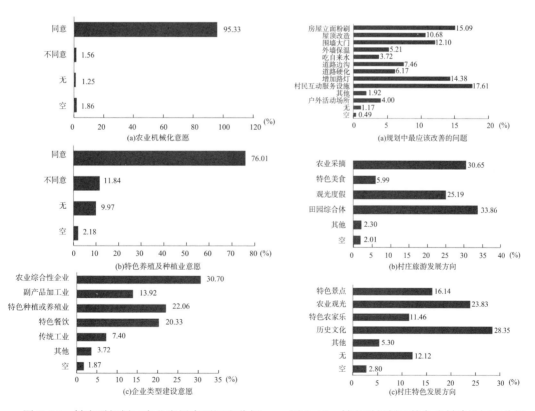

图 7-11　村庄群规划区产业发展意愿调查分析　　图 7-12　村庄群规划区特色乡村建设调查分析

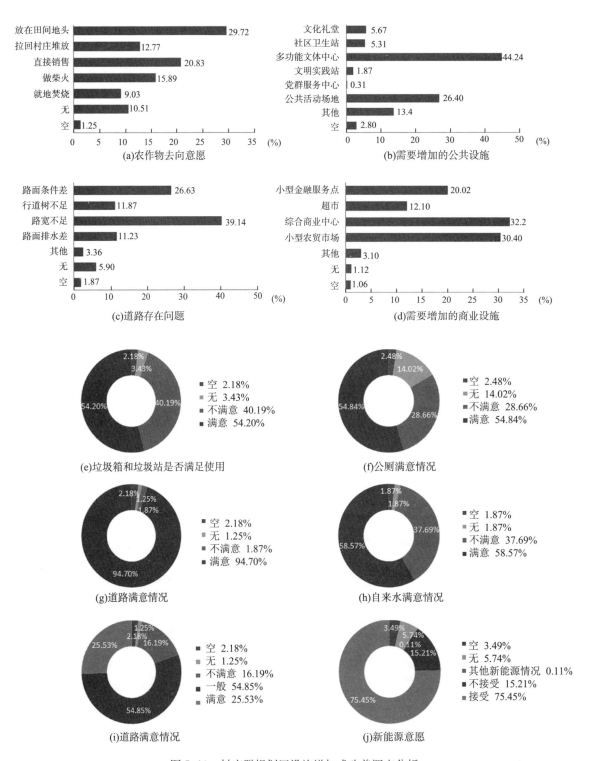

图 7-13　村庄群规划区设施增加或改善调查分析

根据问卷调查结果,对规划区的住宅建设、产业发展、特色乡村和设施建设等四大现状问题分析如下:

1) 住宅建设

现状民居建设年代较新,以 2010 年以后建设为主,住房面积多为 150 m² 以下,院落面积多为 81—150 m²。问卷调查发现,村民更偏好现代简约风格的住宅,住宅外立面颜色以褐色加点缀、浅青灰色和红砖色最受欢迎,乔灌木绿化和围栏则是两大最受欢迎的院落围墙建设形式。

2) 产业发展

部分公众更加愿意发展农业综合型企业以及特色种植或养殖业,超过七成的公众愿意发展特色养殖及种植业,超过九成的公众希望农业实现机械化生产。

3) 特色乡村

问卷调查分析结果表明,公众认可的村庄特色资源主要有农业观光、特色景点和特色农家乐,特色乡村的主要发展方向为田园综合体、农业采摘和观光度假,最应改善的问题主要有增加村民互动服务设施、增加路灯、对房屋立面进行粉刷等。

4) 设施建设

问卷调查发现,公众关心的环境问题包括临时建筑和危房需要拆除、道路需要硬化并增加照明设施、需要增设垃圾箱、电线杆杂乱需要整治、绿化较差以及污水排放严重。道路交通存在的问题主要有路宽不足、路面条件差、路面排水差、行道树不足。同时,公众认为需要增加的商业设施有综合商业中心、小型农贸市场和小型金融服务点,需要增加的公共服务设施有多功能文体中心和公共活动场地。

## 7.3 发展定位

### 7.3.1 总体定位

根据天子湖畔村庄群的发展现状,结合未来发展预期,提出规划的总体定位为:天子湖畔村庄群是包含精品农业、特色文旅、田园社区、未来农场、生态人居等多种功能,融自然山水、田园人文、生态健康、智慧创新为一体,具有"富美田园"意境和基于"产文旅农商"有机统一的复合型田园综合体。在总体定位指引下,规划进一步提出基于"天子湖畔,水天一色;乐享天地,富美田园"的天子湖畔村庄群形象定位。

在上述总体定位的框架下,规划提出天子湖畔村庄群在不同区域尺度上的具体发展定位,即要打造基于样板区、示范区和先行区的"三区"定位。具体地,从安吉县的角度看,天子湖畔村庄群的发展定位是打造农旅融合样板区;从湖州市的角度看,天子湖畔村庄群的发展定位是打造乡村振兴示范区;从长三角(湖州)产业合作区(长合区)的角度看,天子湖畔村庄群的发展定位是打造共同富裕先行区。

### 7.3.2 发展目标

至2023年,立足于生态本底、农业基础、美丽乡村以及历史人文底蕴,完成"农业＋"产业发展体系构建,加强产业融合、改善环境景观、构建组团化经营模式,打造田园农旅型产村融合样板,完成安吉县新时代美丽乡村振兴示范区创建。

至2025年,美丽乡村基础更加巩固,产村景融合发展深度发力,进一步提升"高质量产业经济、高品质公共服务、高宜居乡村环境",通过打造一批具有示范带动意义的典型项目,确保在基于共同富裕的乡村振兴建设上取得阶段性成果。

至2035年,高质量全面建成一个生态良好、环境优美、功能完善、科技智慧的"宜居宜业宜游"的现代化未来乡村生活场景,描绘出一幅具有"富美田园"意境的"产文旅农商"复合型田园综合体。

### 7.3.3 各村定位

在天子湖畔村庄群规划总体定位和发展目标的指引下,根据各个村庄的发展现状和特色,规划提出5个村庄的总体定位,包括智创高禹、活力高庄、坡地余石、生态里沟和魅力长隆。具体地,各个村庄的功能定位如下:

高禹村要突出"智创"特点,打造村庄群的综合服务中心和智慧创新中心,建设成为具有湖光秋色的产城融合发展片区;高庄村要发挥"活力"气质,大力发展特色农业和智慧农业,打造智慧田园社区和航空小镇;余石村要强调"坡地"特色,积极创建坡地村庄、未来农场和未来乡村;里沟村要凸显"田园"意境,全面发展现代农业、农旅度假和休闲田园体验游;长隆村要展现"魅力"风情,协同打造共享田园、电商生鲜、文化体验和康养休闲四大产业。各个村庄的发展定位详见图7-14。

## 7.4 规划内容

### 7.4.1 产业项目布局

根据天子湖畔村庄群的发展定位和发展目标,紧密围绕农业、农旅两大产业方向,规划打造基于"2＋3＋10＋X"的重大产业项目体系,包括两大综合体、三大中心、十大重点项目和X个精品项目。

具体地,两大综合体包括环湖生态度假综合体和通航小镇文旅综合体;三大中心包括旅游集散中心、冷链物流中心和农业综合服务中心;十大重点项目包括豆宝乐园、兀泉山庄、罗氏沼虾养殖基地、长隆电商生鲜基地、高禹

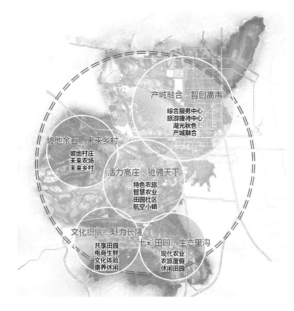

图 7-14 村庄群中各个村庄的发展定位

移民文化农旅庄园、高老庄猪文化产业园、蓝城文旅项目、善在农创文旅项目、未来农场和明康汇果蔬种植基地;X个精品项目包括松林湖露营基地、稻虾共生养殖基地、野欢露营王国、长隆康养基地、薄核桃基地、秋塘水库山林体验基地、亲子乐园等多个产业项目。规划产业项目布局如图 7-15 所示。

图 7-15 村庄群规划产业项目布局图

### 7.4.2 国土空间管制

**1）落实上位国土空间规划**

要严格落实上位国土空间规划的管控要求,充分衔接安吉县和天子湖镇的国土空间总体规划和相关专项规划的刚性传导要素。天子湖畔村庄群的各个行政村和自然村要结合地形地貌,精准落实生态保护红线和永久基本农田保护控制线,保护好村庄群的山水田园格局。同时,还要挖掘乡村历史文化资源,分类划定乡村历史文化保护控制线。

**2）永久基本农田保护控制线**

要落实上位国土空间规划划定的永久基本农田保护控制线,5 个村庄共涉及永久基本农田面积 1 959.84 hm²(图 7-16)。要坚决贯彻执行党中央、国务院关于深化耕地保护和保障粮食生产安全的各项政策措施,确保村庄群的粮食生产功能区面积不减少,质量不降低。

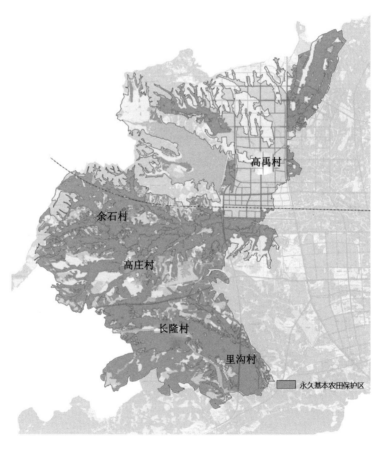

图 7-16　村庄群永久基本农田保护控制线落实图

**3）建设用地边界划定**

要充分利用规划区的现有建设用地和闲置土地,积极盘活存量土地,提高村庄群的土地利用率和投入产出效率。要从注重用地增量向注重用地存量转变,建立节约集约利用土地的新机制。鼓励零散分布的村庄通过土地整理进行搬迁撤并,从而节约腾挪出部分土地资源。总体上,天子湖畔村庄群规划建设用地增量为 21.19 hm²,减量为 22.39 hm²。村庄建设用地边界基本上沿现状居民点用地范围划定,并采用集中布局的形式落实村民建房需求,具体详见图 7-17。

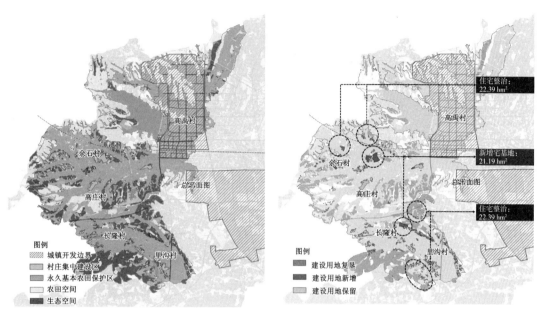

图 7-17　村庄群建设用地边界划定范围图

### 7.4.3　生态保护提质

1) 织蓝通绿

通过"山水林田湖"五大要素的保护梳理,构建大区域生态网络格局,规划形成"双廊五心、蓝绿交织"的总体生态格局(图 7-18)。"双廊"包括纵横两个生态廊道:纵廊是连通北部区域生态绿心和南部横山生态绿心的廊道;横廊是连通西部将军山脉和东部南湖湿地生态绿心的廊道。"五心"包括南湖湿地生态绿心、天子岗水库生态绿心以及 3 个田园绿心。"蓝绿交织"指要梳理延伸天子湖湿地水系与规划区中部水系的关系,疏通镇区水系和郡吴溪水系,梳理区域农田、梯田、水田等要素,构建大区域蓝绿双网交织贯通的总体格局。

2) 共抓大保护

在共抓大保护的理念指导下,天子湖畔村庄群应构筑山水村协调共融的生态本底,统筹做好山体、水脉、林网、湿地、湖面的保护工作。要保护好区域丘陵山脊,维系自然汇水格局;应以绿为底强化山体要素的保护与修复,筑牢生态安全基石,塑造生态价值新高地。要对区域水体进行优

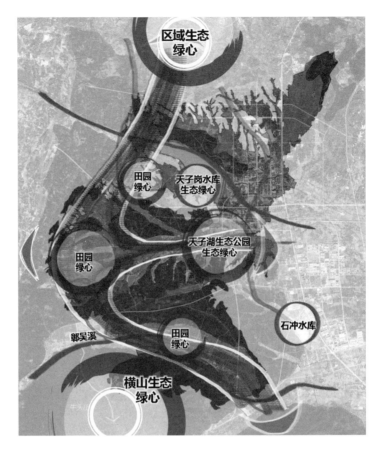

图 7-18　村庄群生态格局规划图

化提质,使其发挥连通公共空间、塑造环境景观的复合功能,进而打造成为绿色洪涝通道和绿色景观人文通道。要依托自然地形地貌,建成多树种、多层次、多功能的林网生态系统。要保护好南湖生态湿地,打造水下森林系统,通过补植沉水植物、挺水植物和浮水植物,构筑良好的水生态系统。同时,还要严格保护区内各类水库,确保水面面积不减少,水质得到明显提升。

### 7.4.4　总体发展结构

根据"一心引领生活美,两环联动共富裕;五区共建田园美,五指连心乡村兴"的空间发展思路,规划形成基于"一心两环五区"的天子湖畔村庄群总体发展格局(图 7-19)。其中,"一心"是高铁新城综合服务中心,"两环"包括五村联动发展环和环湖文旅休闲环,"五区"包括高禹产城融合协作区、高庄余石兴旺农旅区、环湖生态旅游度假区、里沟长隆富美田园区、通航小镇文旅休闲园。

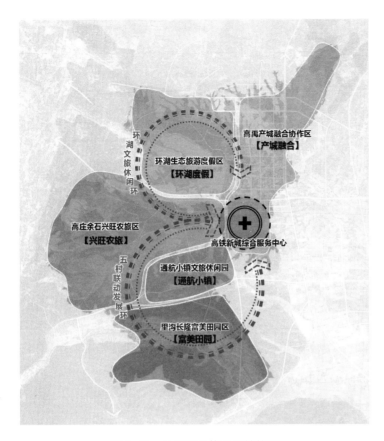

图 7-19 村庄群总体发展结构图

## 7.4.5 总体空间布局

规划天子湖畔村庄群的空间布局为"北生活,中农旅,南田园"。"北生活"指在规划区北部打造水天一色、人文和谐的村镇空间,"中农旅"指在规划区中部建设繁荣高效、创新引领的农旅空间,"南田园"指在规划区南部形成富美兴旺、智慧示范的田园空间。

天子湖畔村庄群北部地区的西侧是天子岗水库,拥有水天一色的自然山水风光,东侧则是高铁新城综合服务区和高禹精致宜居小镇,共同构成生态宜居的生活空间。在规划区的中部,依托特色坡地条件和兴旺发展的农业企业,大力发展特色农业和养殖业、农旅融合业、农教融合业,打造村庄群的特色农旅发展区。规划区南部则依托郭吴溪两侧田园,打造集精品农业和示范农业为一体的田园空间。具体的总体空间布局详见图7-20。

## 7.4.6 全域景观提升

1)提升思路
以"村景合一"为提升思路,高标准打造五美全域景区(图7-21),包括

图 7-20　村庄群总体空间布局图

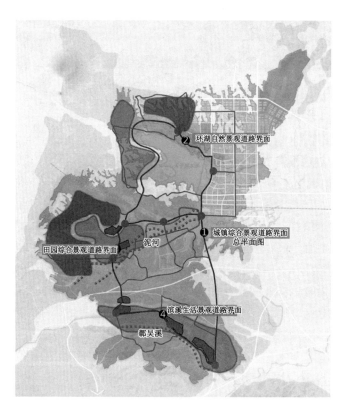

图 7-21　村庄群五美全域景区布局图

美丽村庄、美丽公路、美丽河道、美丽庭院和美丽田园。其中,美丽村庄要系统打造一批景观节点,美丽公路要重点打造 4 个道路景观界面,美丽河道要重点提升泥河、郡吴溪的景观品质,美丽庭院要重点治理 6 个临路片区的庭院空间,美丽田园则要系统梳理田园景观、坡地田园和水田景观等3 类田园风貌区,营造村庄群的绿色基底空间。

2) 美丽村庄规划引导

美丽村庄重点项目包括九大节点(图 7-22),包括南部主入口节点(里沟村)、长隆村东入口节点、长隆三岔口节点、余石党群服务中心节点、中部主入口节点(高庄村)、高禹移民文化公园节点、湖墅露营基地节点、谈香山野花园节点、长隆村北入口节点。

图 7-22　美丽村庄空间布局图

3) 美丽公路规划引导

美丽公路要重点打造 4 类道路景观界面(图 7-23),具体包括城镇综合景观道路界面(图 7-24)、环湖自然景观道路界面(图 7-25)、田园自然景观道路界面(图 7-26)、滨溪生活景观道路界面(图 7-27)。

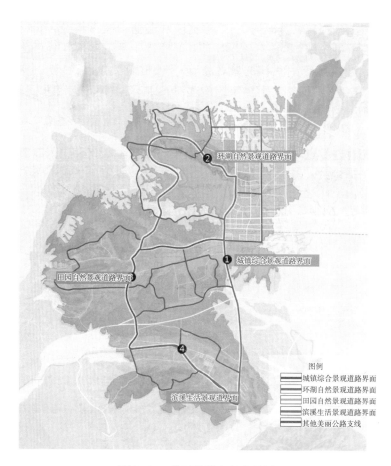

图 7-23　美丽公路空间布局图

图 7-24　城镇综合景观道路界面示意图

图 7-25　环湖自然景观道路界面示意图

图 7-26　田园自然景观道路界面示意图

图 7-27 滨溪生活景观道路界面示意图

4）美丽河道规划引导

对泥河、郭吴溪和其他小型河道进行景观提升（图 7-28）。泥河河道

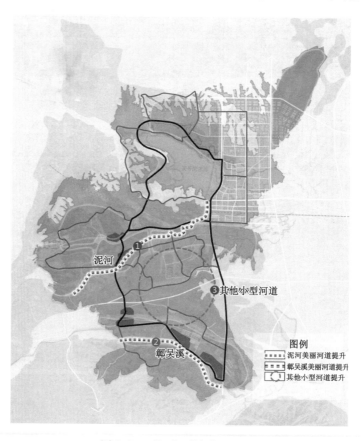

图 7-28 美丽河道规划引导图

总长约 6 000 m,其中需要提升的河道长约 2 500 m;郭吴溪河道总长约 5 000 m,其中需要提升的河道长约 4 500 m。泥河、郭吴溪两大河道景观提升工程主要是对现状已建护坡河道进行改造,包括护坡修建及景观建设;其他小型河道景观提升工程涉及河道总长约 4 500 m,主要进行护坡修建及生态驳岸建设。

5)美丽田园规划引导

重点实施六大美丽田园景观打造工程,包括天子岗水库北部坡地田园景观打造工程、天子岗水库西部创意田园景观打造工程、高庄现代水田景观打造工程等,具体详见表 7-2、图 7-29 至图 7-31。

表 7-2　美丽田园工程一览表

| 序号 | 项目名称 | 项目内容 | 备注 |
|---|---|---|---|
| 1 | 天子岗水库北部坡地田园景观打造工程 | 占地面积约 180 hm²。重点打造以梯田茶园景观为主导的坡地田园景观风貌区 | 高禹村 |
| 2 | 天子岗水库西部创意田园景观打造工程 | 占地面积约 266.67 hm²。重点打造以创意田园景观及谈香山野花园景观为主导的大地田园景观风貌区 | 高禹村、余石村 |
| 3 | 高庄现代水田景观打造工程 | 占地面积约 186.67 hm²。重点打造以稻田水产田园景观为主导的现代水田景观 | 高庄村 |
| 4 | 高禹余石观光田园景观打造工程 | 占地面积约 200 hm²。重点打造以观光田园、经济田园景观为主导的大地田园景观 | 高禹村、余石村 |
| 5 | 余石高禹坡地田园景观打造工程 | 占地面积约 533.33 hm²。重点打造以梯田茶园景观、光伏田园景观为主导的坡地田园景观 | 余石村、高禹村 |
| 6 | 长隆里沟现代田园景观打造工程 | 占地面积约 300 hm²。重点打造以明康汇观光田园为主导的现代大地田园景观 | 长隆村、里沟村 |

图 7-29　天子岗水库北部坡地田园景观引导图

图 7-30 高庄现代水田景观引导图

图 7-31 长隆里沟现代田园景观引导图

### 7.4.7 设施支撑保障

1）综合交通规划

依据相关规划技术标准，天子湖畔村庄群的道路体系分为城镇道路、对外道路、村庄主路、村庄支路4个等级（图7-32），其中，城镇道路主要位于高禹村，多为现状已建道路，隶属于高铁新城片区的城市路网，道路红线宽度16 m以上，按照城市道路标准建设。对外道路指区域性道路，包括高铁大道、国道235、西北线、梅高路等。村庄主路包括两大连通五村的环线和村庄居民点之间的重要连接道路，环线红线宽度6—7 m，其他主路红线宽度4—6 m。村庄支路主要是村庄内部的道路，红线宽度一般3—4 m。

村庄群的静态交通规划主要包括停车场、电瓶观光车换乘点、自行车驿站、停机坪的规划布局（图7-33）。停车场主要结合景区入口、居民点及

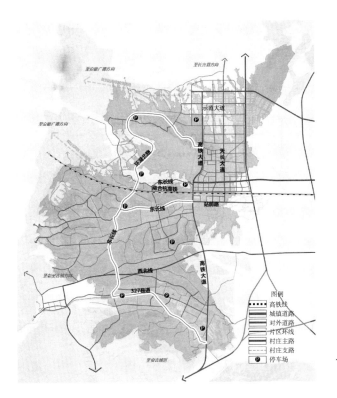

图 7-32　村庄群道路体系规划图

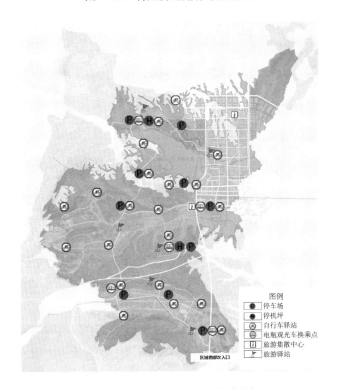

图 7-33　村庄群静态交通规划图

景观节点设施进行布局,共布局9处社会停车场。电瓶观光车换乘点沿区域主要环道布局,并结合旅游驿站要求,共布局5处电瓶观光车换乘点。自行车驿站沿骑行慢道沿线布局,车位大小按照单台自行车2 m×0.6 m设置,服务半径按500 m设置。结合天子湖通用机场有序发展空中客运,分别在天子湖通用机场和天子岗水库北部各布局1处旅游停机坪。

2) 公共服务设施规划

按照"以城带乡、综合统筹、共建共享"的原则,合理配置完善各类公共服务设施,打造村庄群生活圈(图7-34)。根据新时代美丽乡村振兴示范区创建要求,有关公共服务设施要达到高配标准,包括1个五星级党群服务中心,1个市级及以上标准的文化礼堂,1个高标准社区卫生服务站,1个多功能文体活动中心,1个新时代文明实践站。高配的公共服务设施可依托高禹村、高庄村进行配置。

图例

★ 党群服务中心
⊠ 多功能文体活动中心
卫 社区卫生服务站
⊠ 文化礼堂
中 中学
小 小学
幼 幼儿园
⊠ 新时代文明实践站
老 养老院
⊠ 老年活动中心
⊞ 公厕

图7-34　村庄群公共服务设施规划图

3) 基础设施规划

天子湖畔村庄群的基础设施规划主要考虑给水和排水规划、环卫设施规划。在给水规划上,水源为天子湖水厂,其能满足未来发展需求,暂不增加给水设施。在排水规划上,各村均设置1—3处污水处理池,污水处理池与公厕统一布置,村庄群共设置12个污水处理池。各村庄排水采用雨污合流制排水制度,建设排水管渠,污水经无害化(化粪池、埋地式污水处理设施或沼气池)处理后,可排入自然水体。具体的给水、排水设施规划详见图 7-35。

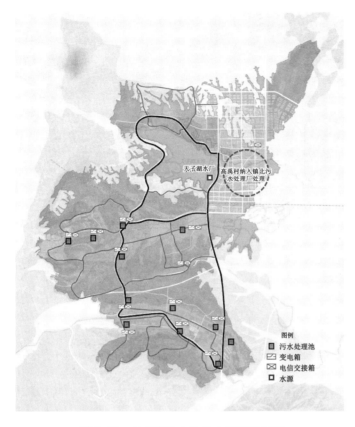

图 7-35　村庄群给水和排水设施规划图

　　在环卫设施规划上,保留现状条件较好的 9 处公共厕所,对公厕建筑立面进行整治提升;同时,规划新建 11 处公共厕所,主要结合新增居民点及重点项目进行设置。完善公厕导视系统,在公厕四周主次干道的十字路口、醒目位置和拐角处安装导视牌,多方位、分距离指示。根据公厕功能设置对应的标识符号、准确距离和夜间 LED 发光字进行提示引导。

　　按照就近方便的原则,各个村庄均设置多个垃圾收集点,并配保洁员若干名,根据需要配备保洁车。按照长远运作与规范化要求,建立农村垃圾"户收集、村集中、镇转运"的生活垃圾收运处理模式。具体的环卫设施规划详见图 7-36。

## 7.4.8　未来乡村建设引导

　　以打造"十大场景"为主要内容,统筹推进天子湖畔村庄群的未来乡村建设,具体包括打造未来创业场景、未来生态场景、未来建筑场景、未来文化场景、未来经营场景、未来治理场景、未来健康场景、未来邻里场景、未来服务场景和未来数字场景(图 7-37)。为此,要加快建立健全未来乡村的

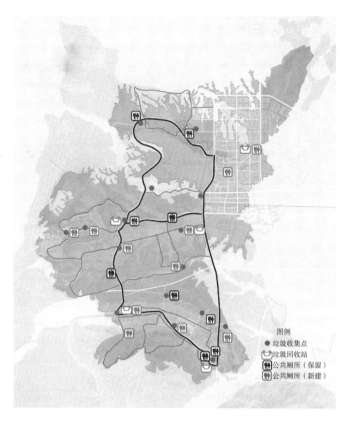

图 7-36　村庄群环卫设施规划图

规划体系、政策体系、工作体系、运营体系和评价体系，从而把天子湖畔村庄群打造成为乡里人的美好家园、城里人的向往乐园。

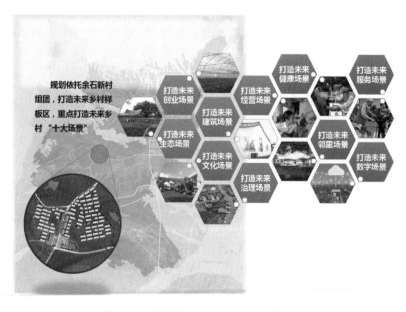

图 7-37　村庄群未来乡村十大场景主题

### 7.4.9 数字乡村建设引导

依据国家《数字乡村发展战略纲要》要求,规划天子湖畔村庄群要积极推进数字乡村建设,助力乡村振兴。规划重点打造数字乡村经济、智慧绿色乡村、乡村数字治理、乡村网络文化、信息惠民服务五大应用场景,具体详见表7-3和图7-38。

表7-3　村庄群各村庄数字乡村规划建设一览表

| 序号 | 项目名称 | 项目内容 | 备注 |
|---|---|---|---|
| 1 | 高禹"数字乡村建设工程" | 规划建设智慧绿色乡村、乡村数字治理、乡村网络文化、信息惠民服务四大板块 | 高禹村 |
| 2 | 高庄"数字乡村建设工程" | 规划建设数字乡村经济、乡村网络文化、信息惠民服务三大板块 | 高庄村 |
| 3 | 余石"数字乡村建设工程" | 规划建设数字乡村经济、智慧绿色乡村两大板块 | 余石村 |
| 4 | 长隆"数字乡村建设工程" | 规划建设数字乡村经济、智慧绿色乡村两大板块 | 长隆村 |
| 5 | 里沟"数字乡村建设工程" | 规划建设数字乡村经济、智慧绿色乡村、乡村数字治理三大板块 | 里沟村 |

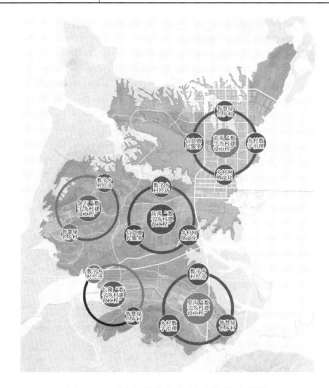

图7-38　村庄群数字乡村建设总体结构

### 7.4.10 乡村运营策划

**1）打造环环相扣的活动线路**

规划打造两大主线和四条支线的活动线路（图7-39）。两大主线包括天子湖畔乡村振兴参观主线和天子湖畔环湖休闲体验主线，前者的主要节点有安吉高铁站、旅游接待中心、余石村、高庄村、长隆村、里沟村以及沿线主要的农业文旅景观节点，主要特色包括天子湖畔乡村振兴成果展示、美丽乡村景观、特色农业文旅项目体验。后者即环绕天子岗水库的活动线路，主要特色有漫山花原、水田一色、临湖风光和湖畔度假。

图7-39　规划活动线路图

四条支线包括高庄余石特色农旅休闲支线、通航小镇文旅休闲支线、牛头山精品田园文化体验支线、高禹移民文化农旅体验支线。高庄余石特色农旅休闲支线的主要节点包括余石村、未来农场、兀泉山庄、坡地村庄、华腾牧业基地、富民现代产业园、高庄猪文化产业园和蓝莓基地，主要特色为特色农业体验和农旅休闲。通航小镇文旅休闲支线的主要节点包括天子湖通用机场、摩天水库主题酒店、自由王国露营基地、松林湖露营基地、秋塘水库山林体验基地，主要特色为通航休闲旅游、山林露营和文创活动。牛头山精品田园文化体验支线的主要节点包括里沟亲子乐园、明康汇果蔬种植基地、大美稻田、牛头山抗金文化展示馆、宝梵寺、长隆康养基地和牛头山遗址，主要特色为牛头山文化体验、大美稻田和精品农田体验。高禹移民文化农旅体验支线的主要节点包括高禹移民文化农旅庄园、野欢原露营王国、猕猴桃基地和生态绿梨园，主要特色为移民文化和特色农旅体验。

2）谋划贯穿四季的活动场景

顺应四季变化，共筑特色节庆活动（图7-40），将天子湖畔村庄群打造成为全年田园体验园，形成"一村一风情"。围绕高禹、长隆、里沟、余石、高庄5个村的乡村资源和特色文化，重点谋划星空露营篝火节、谈香山拾花节、蓝莓采摘节、稻田音乐节、油菜花采春节、农特产品发布会、两山文化产品交流会、年货大集、移民文化节等一批特色节庆活动，通过环线进行串联，展现天子湖畔的乡村魅力，具体的节庆活动详见表7-4。

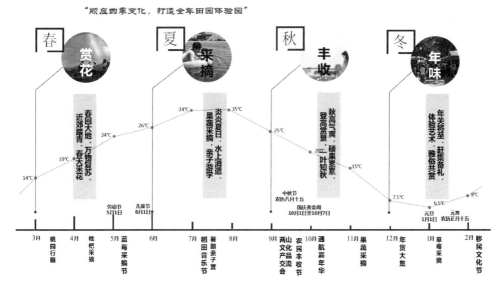

图7-40　节庆策划

表7-4　村庄群主要节庆活动一览表

| 主要节庆活动 | 举办时间 | 举办位置 |
| --- | --- | --- |
| 移民文化节 | 2月 | 高禹村 |
| 油菜花摄影节 | 3月 | 长隆村、里沟村 |
| 谈香山拾花节 | 4月 | 高禹村、谈香山野花园 |
| 蓝莓采摘节 | 5月 | 余石村、高庄村 |
| 星空露营篝火节 | 6月 | 高禹村、野欢原露营王国 |

| 主要节庆活动 | 举办时间 | 举办位置 |
| --- | --- | --- |
| 农特产品发布会 | 6月 | 里沟村、明康汇果蔬种植基地 |
| 稻田音乐节 | 7月 | 高庄村、余石村、富民现代产业园、豆宝乐园 |
| 两山文化产品交流会 | 9月 | 五村联盟、旅游集散中心 |
| 通航嘉年华 | 10月 | 高庄村、天子湖通用机场 |
| 年货大集 | 12月 | 五村联盟、旅游集散中心 |

### 7.4.11 乡村营销策划

1）形象主题

天子湖畔村庄群IP(Intellectual Property)形象的核心为山水为脉、五村共荣，主体以区域山水本底为设计元素，突出天子湖的区域标志性地标地位，融入牛头山文化元素和乡村文化特色，体现各村环线串联、协同发展、共同富裕的美好愿景（图7-41）。

图 7-41　村庄群IP形象设计图

2）产品策划

重点围绕本土农产品、特色文旅产品和航空周边产品进行策划。本土农产品要突出绿色、生态、健康的核心特色，围绕5个村的主导农产品开展农产品加工，主要包括蔬菜、水果、甲鱼、虾、猪肉、大米等，由此构建天子湖畔村庄群乡土农产品体系（图7-42）。

特色文旅产品要结合乡村旅游发展，策划特色民宿、农家乐、主题农庄、星空露营等一系列农旅、文旅产品（图7-43）。要依托航空小镇，开发航空周边衍生产品，主要包括航空模型、动感飞机、无人机科学营、航空背包服装等一系列以航空为主题的相关产品（图7-44）。

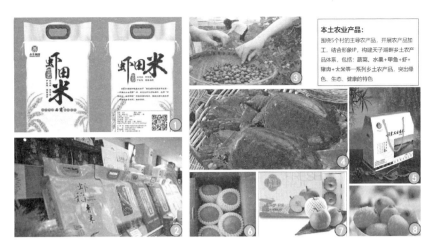

**本土农业产品：**
围绕5个村的主导农产品，开展农产品加工，结合形象IP，构建天子湖畔乡土农产品体系，包括：蔬菜、水果+甲鱼+虾+猪肉+大米等一系列乡土农产品，突出绿色、生态、健康的特色

图 7-42　乡土农产品示意图

**特色文旅产品：**
结合乡村旅游发展，策划特色民宿、农家乐、主题农庄、星空露营等一系列农旅、文旅产品

图 7-43　特色文旅产品示意图

**航空周边产品：**
依托航空小镇，开发航空周边衍生产品，包括：航空模型、动感飞机、无人机科学营、航空背包、服装等一系列以航空为主题的相关产品

图 7-44　航空周边产品示意图

3）营销推广

要全面拓展线上、线下渠道,打造线上线下一体化的天子湖畔村庄群营销策略体系。线上营销主要通过旅游电商、综合电商、政府官网等方式,线下营销主要有远程推介和近程迎客两种方式,具体如表7-5和表7-6所示。

表7-5　线上营销方式一览表

| 渠道类型 | 具体渠道 | 合作方式 |
| --- | --- | --- |
| 旅游电商 | 驴妈妈、同程网、途牛网、携程网、飞猪旅行 | 线路产品打包销售,活动人气组织 |
| 综合电商 | 淘宝地方馆、聚划算、团购网站(美团网、大众点评) | 搭建地方土特产的线上销售平台 |
| 政府官网 | 浙江旅游官网、湖州旅游官网、安吉旅游官网 | 借住官网进行链接和推介 |
| 知名社区 | 微博、马蜂窝、百度旅游、穷游 | 通过知名社区发帖和发起活动,与潜在客户群体沟通互动 |
| 自媒体平台 | 浙江旅游、安吉旅游 | 创建公众微信号进行推广,提高知名度和关注度 |

表7-6　线下营销方式一览表

| 渠道类型 | 具体渠道 | 合作方式 |
| --- | --- | --- |
| 远程推介 | 旅游会展对接 | 积极参与各种旅游交易会、旅游展销会,加强对接旅行社,全面推介天子湖旅游品牌 |
| | 宣传广告吸引 | 选择目标市场成熟的公交车身、客运车站、地铁站等人流集散地和高速沿线车流过境地,定向投放广告,提高知名度 |
| 近程迎客 | 交通无缝接驳 | 积极推动安吉全面开通到周边主要城市、旅游区的假日专线,实现旅游交通的无缝衔接;谋划天子湖至安吉的旅游假日专线,促进乡村旅游发展 |
| | 周边景区联动 | 联动周边旅游目的地,实现协同发展与合作共赢 |

4）城乡直通车共富行动策划

以天子湖畔村庄群为载体,以"科技＋文化"为驱动,携手城乡,共同探索小而精的共同富裕新模式。推动开展天子湖畔与杭州社区的"城乡直通车"共富行动,以"快经济·慢生活"为主题,架起乡村(天子湖畔)与城市(杭州社区)的直通桥梁,让优秀农产品精准直供社区,让城里人走进未来乡村,结对造富,共同致富。在行动策划上,规划打造富农优享三部曲,包括城乡直通共富论坛、蜗游市集和天子湖畔稻田音乐节。

具体地,天子湖畔产业创新发展委员会联合杭州市西湖区骆家庄社区,共同举办以"城乡直通·共同富裕"为主题的城乡直通共富论坛,实现天子湖畔村庄群与杭州市社区的对话与互动。结合城乡直通共富论坛,在杭州骆家庄社区举办蜗游市集暨天子湖畔特色乡村集市,对天子湖畔各类优质特色农产品、手工艺产品进行集中展销,由此带动乡村产品进城,推动城乡直通交流。举办天子湖畔稻田音乐节,吸引城市居民来到天子湖畔、品地道乡土美食、住特色文化主题酒店、享金秋户外音乐派对、共同感受与体验天子湖畔村庄群的特色美丽时光。

## 7.5 规划创新

### 7.5.1 模式创新

1)共建新型帮扶共同体

以天子湖畔村庄群规划为契机,实现五村互动,打造五村联盟,共建新型帮扶共同体(图7-45),探索先富帮带后富、推动共同富裕的体制机制和路径模式。充分利用规划区拥有高铁站的优势,以五村联盟集体组织为经营主体,利用新时代美丽乡村振兴示范区奖励指标,在高铁站周边闲置土地开发集体联营项目即旅游集散中心(包含特产商业中心、农产品电商中

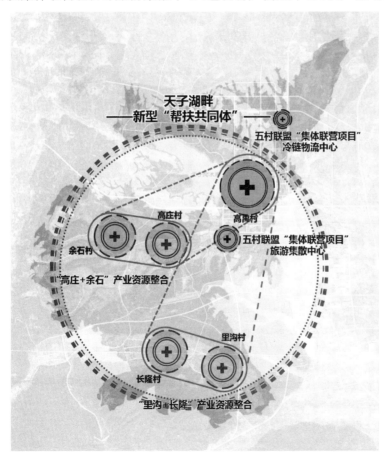

图7-45 新型帮扶共同体模式图

心等功能），同时，利用交通及产业优势建设冷链物流中心，为村庄集体经济创造新的增长点。

2）"禹·石"俱进共同富裕示范区

高禹村与余石村联合组建"禹·石"俱进共同富裕示范区。双方协同打造基层党建示范点、示范带和示范品牌，组织村干部双向互动、互派交流、交叉任职、柔性挂职，重点实施农业、物业两大合作经营板块，推行共享型"飞地"经济合作模式，实现强村富民和互利共赢。

3）整合两大组团产业资源

充分整合"高庄＋余石""长隆＋里沟"两大组团产业资源，发挥高庄村、里沟村的大项目优势，在产业运营层面打造"高庄＋余石""长隆＋里沟"两大产业资源共同体，推动天子湖畔村庄群乃至周边区域的产业发展。

### 7.5.2 产业创新

建设切实可行的闲置资产梳理机制，明确利益，多渠道宣传联动，多模式二次创业，实现天子湖畔村庄群内农村闲置资产的充分利用（图7-46）。具体的，可以灵活采取出租模式、联营模式、合作模式、出让模式和共建模式，由此加快实现产业的创新发展。

图7-46 产业二次利用模式图

出租模式指集体统一收购农户的"一户多宅",产权归集体所有,由集体统一招引和统一出租,可用于居住或发展民宿;联营模式指集体对农户的"一户多宅"统一收转,村集体和企业联合开发经营,村集体以房产入股,负责村庄环境整治,企业负责房屋装修和日常经营,收入按比例分成;合作模式指采用"三合一"(县旅游咨询公司＋村委＋农户)方法发展乡村民宿,县旅游咨询公司负责产品设计、客源组织和旅程接待,村委负责环境整治和客房标准化改造,农户负责装修并按照标准经营;出让模式指将集体土地及其房屋与村其他建设用地一起征为国有土地,再按照净地带房屋形式进行公开招拍挂;共建模式指城镇居民和村民在明确双方具体权益后,共同出资,联合建房,并要依法依规完成各项建设审批。

### 7.5.3 机制创新

1) 搭建联动发展平台

成立天子湖畔村庄群管理机构,明确管理机制,并针对各类问题制定解决办法和具体政策。同时,在金融、运营、销售、供应等方面制定联动发展的顶层架构机制,主要包括全产业链金融服务机制、定制农业经营托管机制、供应链合作机制和新型购销机制,由此形成顶层合力,助力天子湖畔村庄群综合发展。具体地,谋划成立天子湖畔创新产业发展委员会、天子湖畔农村资产银行、天子湖畔农旅发展联盟三大联动发展平台。

天子湖畔创新产业发展委员会的主要职能包括:组织制定村庄群的经济建设与产业发展战略,对重大问题进行研究,提出对策建议;对村庄群内的项目、旅游联盟、经营者进行监督管理;组织对外招商推介活动,引入合作资源;负责项目的合作沟通工作,减少合作阻力;负责基础设施和公共服务设施建设。

天子湖镇要协同5个村庄,并联合安吉县农商银行,共同出资成立天子湖畔农村资产银行,以盘活资产和提供金融服务。作为主管部门,天子湖镇政府要为资产银行提供支持性政策,如确权管理方案、抵押贷款办法等。

整合区域农业和旅游资源,成立天子湖畔农旅发展联盟,构建"规划共谋、资源共享、客源互送、信息共用、宣传联动、合作共赢"的区域农旅合作新模式,统筹推进产业发展、环境整治、乡村治理、主体形象推介、旅游营销等工作。

2) 创新政企村合作模式

谋划组建基于"政府＋企业＋合作社＋专业机构"的合作开发模式。其中,政府提供特许经营、补贴支持或入股部分资金,企业以资金入股,村民以土地、房屋入股,专业机构则投入人力和技术,由此共同推动村庄群的产业发展,为实现乡村振兴目标夯实基础。

3）探索实践"三权分置"制度

"三权分置"指农村土地的集体所有权、农户承包权、土地经营权的分置并行。其中,集体所有权是根本,农户承包权是基础,土地经营权是关键,三者统一于农村土地的基本经营制度。以天子湖畔村庄群规划建设为契机,大胆探索实践"三权分置"制度,为农村土地的深化改革与活力释放提供安吉模式和安吉经验。

# 8 怀集县水口村村庄规划

## 8.1 规划背景

改革开放 40 多年来,中国城镇化高速发展,但城乡两极分化的格局依然存在,乡村的落后状态仍没有根本改变。因此,国家提出并实施了乡村振兴战略,其目的就在于实现农业农村现代化,由此为社会主义现代化建设奠定坚实基础。当前,村庄规划作为国土空间规划体系中乡村地区的详细规划,不仅是实施农村地区国土空间用途管制、核发建设规划许可的法定规划,而且是全面贯彻落实国家乡村振兴战略的基础性工作。

在国土空间规划体系改革和乡村振兴战略深入推进的时代大背景下,村庄规划的重点要由发展建设转向实用管控,"多规合一"的实用性村庄规划成为新时期村庄规划的主要方式和路径。探索如何编制有用、好用、适用的村庄规划,让乡村成为"记得住乡愁、看得见乡村、听得到乡音、留得住乡亲"的美好家园,是当前村庄规划实践的价值所在与核心任务。

## 8.2 水口村概况

### 8.2.1 基本概况

水口村是广东省肇庆市怀集县冷坑镇的下辖行政村。冷坑镇镇区距肇庆市区 23 km,是全国重点镇,也是怀集县域副中心,交通区位优势明显。水口村包括 3 个自然村,分别是水口村、黄岗村和新更村,村域面积约 741 hm²,现状户籍人口约 5 176 人,共 1 168 户。

### 8.2.2 基本条件

1) 自然环境
水口村地处怀集县西北部,冷坑镇东部,地处亚热带季风区,村内年平均气温 20.5℃,年降雨量约为 2 095 mm。村域水资源较丰富,冷坑河紧邻村庄西侧,蜿蜒贯穿全村,大小河塘散布其中。水口村西南部主要为平原,东北部则为丘陵,呈现出"南村庄,中田园,北丘陵"的空间格局和形态(图8-1)。总体上,水口村良田广袤,绿树成荫,空气清新,具有极佳的自然环境条件。

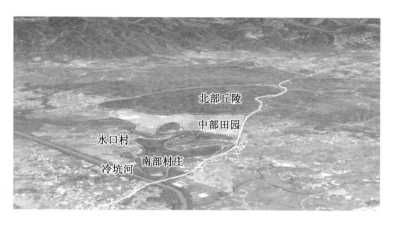

图8-1 水口村自然条件分析图

2)社会经济

水口村青壮年大多外出务工,留守儿童和老人较多,老龄化特征较为突出。在产业发展上,水口村以水稻种植为主,另有梨树、枣树和蔬菜种植;村内有小规模的制衣厂与塑料厂,工人数均为10人左右;同时,村内还有小卖部等零售业。村民主要收入来源为农业生产和务工,人均年收入约为10 000元。

3)历史文化

水口村历史悠久,文化底蕴深厚,拥有良好的历史文化风貌(图8-2)。村中保有3处祠堂,即司马第、大夫第和卢庆熙厅堂。祠堂均位于水口村自然村,已被列为县级文物保护单位。同时,水口村还拥有一些传统建筑,其是当地风俗习惯、节庆活动的重要空间载体。

图8-2 水口村历史文化现状

4)风貌环境

村内各个年代的建筑并存,建筑风格类型多样,包括历史建筑、近代砖房、土房和新建建筑。水口村历史建筑保存较好,但现代建筑的风貌较乱,不协调现象较突出。在村庄环境上,生态景观类型较丰富,且景观质量较好。此外,村庄已配置一定数量的垃圾桶等环卫设施,但村庄内部环境仍有待整治提升。

5) 道路交通

在对外交通上,县道 425 自水口村东北向西南穿过,路面宽约 5.5 m,已全部实现硬化,路面情况较好,但未实现亮化。在内部道路上,有 3 条村级主路,部分路段已实现硬化,但几乎没有亮化。村级次路及宅间路的硬化覆盖较少,也几乎没有亮化。

6) 公共服务设施

公共服务设施主要有村委会、小学、幼儿园等。具体数量、规模和位置详见表 8-1。

表 8-1 水口村公共服务设施一览表

| 序号 | 设施名称 | 数量 | 规模 | 位置 |
|---|---|---|---|---|
| 1 | 村委会 | 1 处 | 建筑面积 300 m² | 水口村 |
| 2 | 小学 | 1 处 | 占地约 10 000 m² | 黄岗村 |
| 3 | 幼儿园 | 1 处 | 占地约 1 000 m² | 水口村 |
| 4 | 祠堂 | 3 处 | 共占地约 700 m² | 水口村 |
| 5 | 文体广场 | 1 处 | 占地 1 000 m² | 黄岗村 |
| 6 | 公交站点 | 1 处 | 占地 10 m² | 水口村 |

7) 总结研判

总体上,水口村的优势主要有:生态本底条件良好,文化底蕴深厚,同时具有一定的产业发展基础。存在的不足主要包括:村庄人口活力欠缺,产业规模和档次需要提升,道路交通条件有待改善,同时村庄公共设施配套仍需完善。

## 8.3 水口村发展定位与目标

### 8.3.1 发展定位

以村庄环境综合整治为重点,以产业发展为抓手,将水口村打造成为以特色林果种植、乡村旅游为两大主导产业的生态宜居美丽乡村。具体地,特色林果种植主要以梨、枣种植为主体,同时加快发展蔬菜种植业,力争形成具有一定规模和实力的特色种植体系。乡村旅游重点发展乡村田园游和历史文化游:前者利用水口村的美丽田园风光打造乡村游品牌;后者则在充分挖掘水口村悠久历史文化元素的基础上,打造具有水口村地域历史文化特色的精品文旅品牌。

### 8.3.2 发展目标

规划水口村的发展目标为特色保护类村庄。立足现有的农田、生态、农业种植和历史文化等资源,依托地理区位优势,按照上位规划要求,保持水口村的生态空间总量不减,耕地质量有所提升,永久基本农田总量不变,历史文化空间品质提升,由此实现生态宜居美丽乡村的总体定位。

## 8.4 规划内容

### 8.4.1 国土空间布局

村庄全域国土空间面积为 741.66 hm²。规划基期年(2020 年),农业用地 649.72 hm²,建设用地 65.85 hm²,生态用地 26.09 hm²。按照规划目标定位,结合现状分析与村民意愿,至规划目标年(2035 年),全村农业用地 658.22 hm²,建设用地 56.18 hm²,生态用地 27.26 hm²。规划期末,全村建设用地减少 9.67 hm²,农业用地增加 8.50 hm²,生态用地增加 1.17 hm²;建设用地中公共服务设施用地增加 0.36 hm²;划定有条件建设区 6.86 hm² 作为村庄未来发展和冷坑镇城镇发展的备用地,将其主要布局在村域中部地区。水口村的国土空间布局规划如图 8-3 和表 8-2 所示。

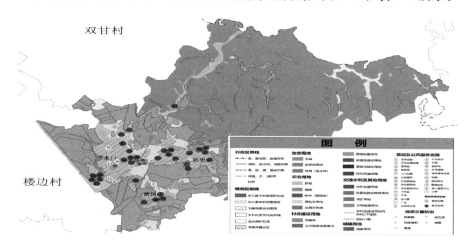

图 8-3　水口村国土空间布局规划图

表 8-2　水口村国土空间布局规划调整表

| 地类 | 现状基期年 | | 规划目标年 | | 规划期内增减/hm² |
|---|---|---|---|---|---|
| | 面积/hm² | 比重/% | 面积/hm² | 比重/% | |
| 土地总面积 | 741.66 | 100.00 | 741.66 | 100.00 | 0.00 |

| 地类 | | 现状基期年 | | 规划目标年 | | 规划期内增减/hm² |
|---|---|---|---|---|---|---|
| | | 面积/hm² | 比重/% | 面积/hm² | 比重/% | |
| 农业用地 | 耕地 | 228.70 | 30.84 | 210.92 | 28.44 | −17.78 |
| | 园地 | 7.20 | 0.97 | 6.84 | 0.92 | −0.36 |
| | 商品林 | 378.24 | 51.00 | 412.29 | 55.59 | 34.05 |
| | 草地 | 0.00 | 0.00 | 0.00 | 0.00 | 0.00 |
| | 其他农用地 | 35.58 | 4.80 | 28.17 | 3.80 | −7.41 |
| | 合计 | 649.72 | 87.61 | 658.22 | 88.75 | 8.50 |
| 建设用地 | 城镇用地 | 0.00 | 0.00 | 1.87 | 0.25 | 1.87 |
| | 农村居民点 宅基地 | 60.07 | 8.10 | 48.27 | 6.51 | −11.80 |
| | 公共服务设施用地 | 4.15 | 0.56 | 4.51 | 0.61 | 0.36 |
| | 经营性建设用地 | 0.00 | 0.00 | 0.00 | 0.00 | 0.00 |
| | 基础设施用地 | 0.00 | 0.00 | 0.06 | 0.01 | 0.06 |
| | 景观与绿化用地 | 0.36 | 0.05 | 0.19 | 0.03 | −0.17 |
| | 村内交通用地 | 1.27 | 0.16 | 1.28 | 0.17 | 0.01 |
| | 交通水利及其他用地 采矿用地 | 0.00 | 0.00 | 0.00 | 0.00 | 0.00 |
| | 对外交通用地 | 0.00 | 0.00 | 0.00 | 0.00 | 0.00 |
| | 水利设施用地 | 0.00 | 0.00 | 0.00 | 0.00 | 0.00 |
| | 风景名胜用地 | 0.00 | 0.00 | 0.00 | 0.00 | 0.00 |
| | 特殊用地 | 0.00 | 0.00 | 0.00 | 0.00 | 0.00 |
| | 合计 | 65.85 | 8.87 | 56.18 | 7.58 | −9.67 |
| 生态用地 | 水域 | 18.32 | 2.47 | 18.34 | 2.47 | 0.02 |
| | 自然保留地 | 7.77 | 1.05 | 8.92 | 1.20 | 1.15 |
| | 生态林 | 0.00 | 0.00 | 0.00 | 0.00 | 0.00 |
| | 合计 | 26.09 | 3.52 | 27.26 | 3.67 | 1.17 |

## 8.4.2 全域土地综合整治

1)生态空间

水口村生态空间主要由水域、自然保留地、林地(生态林)组成,主要分布在村域的西部和东南部。总体上,要保护好水口村内的河道、林地、山体和生态绿道的景观原貌,慎砍树、禁挖山、禁堵河、不填湖,由此打造良好的生态空间。

规划基期年,水口村生态用地面积 26.09 hm²,占土地总面积的

3.52%；至 2035 年，规划生态用地面积 27.26 hm²，占村域总面积的 3.67%。规划期内，水口村生态空间增加了 1.17 hm²。在自然保留地上，规划基期年的自然保留地面积 7.77 hm²；根据上位规划，2035 年自然保留地面积为 8.92 hm²，规划期内增加了 1.15 hm²。同时，通过实施水体整治，水面增加了 0.02 hm²。具体整治内容包括对水口村范围内的冷坑河及其支流进行生态修复，做好农村污染的全收集和全处理工作，避免污水直排进入河道。最后，要实施林地修复，将水口村北部林地纳入林地修复范围，依据原林地的自然植被和生态环境进行修复。上述生态空间调整如表 8-3 所示。

表 8-3　水口村生态空间调整表

| 地类 | | 现状基期年 | | 规划目标年 | | 规划期内增减/hm² |
|---|---|---|---|---|---|---|
| | | 面积/hm² | 比重/% | 面积/hm² | 比重/% | |
| 生态用地 | 水域 | 18.32 | 2.47 | 18.34 | 2.47 | 0.02 |
| | 自然保留地 | 7.77 | 1.05 | 8.92 | 1.20 | 1.15 |
| | 林地（生态林） | 0.00 | 0.00 | 0.00 | 0.00 | 0.00 |
| | 合计 | 26.09 | 3.52 | 27.26 | 3.67 | 1.17 |

2）农业空间

规划期内，水口村农业用地增加 8.50 hm²，其中商品林、设施农用地面积增加，耕地、园地、其他农用地面积则减少（表 8-4）。具体地，现状耕地保有量为 228.70 hm²，规划耕地面积为 210.92 hm²。现状园地面积为 7.20 hm²，规划园地面积为 6.84 hm²。现状商品林面积为 378.24 hm²，规划商品林面积为 412.29 hm²。现状其他农用地面积为 35.58 hm²，规划其他农用地面积为 28.17 hm²，其中，现状设施农用地面积为 0.08 hm²，规划设施农用地面积为 10.75 hm²。此外，按照上级政府下达的垦造水田指标，共计垦造水田 0.92 hm²。

表 8-4　水口村农业空间调整表

| 地类 | | 现状基期年 | | 规划目标年 | | 规划期内增减 |
|---|---|---|---|---|---|---|
| | | 面积/hm² | 比重/% | 面积/hm² | 比重/% | |
| 农业用地 | 耕地 | 228.70 | 30.84 | 210.92 | 28.44 | −17.78 |
| | 园地 | 7.20 | 0.97 | 6.84 | 0.92 | −0.36 |
| | 商品林 | 378.24 | 51.00 | 412.29 | 55.59 | 34.05 |
| | 草地 | 0.00 | 0.00 | 0.00 | 0.00 | 0.00 |
| | 其他农用地 | 35.58 | 4.80 | 28.17 | 3.80 | −7.41 |
| | 其中　设施农用地 | 0.08 | 0.01 | 10.75 | 1.45 | 10.67 |
| | 合计 | 649.72 | 87.61 | 658.22 | 88.75 | 8.50 |

村民不得随意占用耕地,依法占用的应严格落实"占优补优、占水田补水田、数量质量并重"的要求。村民不得在园地、商品林及其他农用地进行除耕作外的其他建设活动,不得进行毁林开垦、采石、挖沙、采矿、取土等活动。

3)建设空间

首先,在水口村开展拆旧复垦工作,在严格落实上级政府下达指标的基础上,对水口村村域范围内11.27 hm² 的村庄建设用地实施拆旧复垦。其次,要优化村庄建设用地布局,在建设用地总量不突破、不占用永久基本农田的前提下,在水口村中部增加城镇建设用地0.698 9 hm²。

### 8.4.3 产业布局

产业是水口村实现乡村振兴的基础和关键。产业布局既要尊重现状产业发展基础,又要具有一定的前瞻性和预期性。规划将水口村主导产业确定为现代生态农业和乡村旅游,在挖掘特色、三产联动、"企业+农户"经营模式和打造品牌农业的策略引导下,大力发展水口村乡村特色产业,助力乡村振兴。

在第一产业方面:重点完善农业总体布局,形成水稻、梨树、枣树种植三大产业;依托冷坑河,打造"一河两岸"现代农业示范带。在第二产业方面:依托村企对接金吴工业园,提升加工产业效益。在第三产业方面:一是发展田园旅游,开展休闲垂钓、田园观光、农家乐、果园采摘等活动;二是深度挖掘水口村历史文化底蕴,着力发展历史文化旅游,培育祠堂观光、宗族文化探秘等人文旅游项目。具体的水口村产业布局详见图8-4。

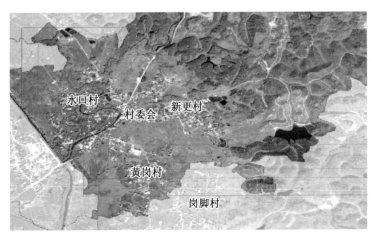

图 8-4 水口村产业布局规划图

### 8.4.4　历史文化保护与利用

首先,为水口村3处县级文物保护单位(大夫第、司马第、卢庆熙厅堂)划定乡村历史文化保护线,制定历史文化传承与保护管制规则。其次,加强历史文物的活化利用,为水口村历史建筑植入内生性功能。具体地,利用大夫第设置农耕文化传习馆,利用司马第打造村史博物馆,利用卢庆熙厅堂打造宗族文化展览馆。通过建立在保护基础上的活化利用,可以让历史文化资源活起来,逐步建立起水口村的历史文化品牌。

### 8.4.5　农村住房建设

严格执行"一户一宅"制度,每户宅基地面积控制在120 m² 以内。建筑限高为3层半,檐口高度不得超过14 m,巷道宽度不小于2 m,建筑退巷道距离不小于1 m。新建房屋应结合村庄景观风貌控制要求,按照村民小组约定的建筑风格统一建设。条件允许时,现状农房也应按照约定的建筑风格逐步进行改造。

### 8.4.6　设施支撑保障

1) 公共服务设施规划

规划基期年,水口村公共服务设施用地面积为4.15 hm²。至2035年,水口村公共服务设施用地面积规划为4.51 hm²,占村域总用地的0.61%。公共服务设施应尽量集中布局、复合利用。具体的水口村公共服务设施规划详见图8-5。

2) 道路交通规划

在对外交通上,村庄的主要对外交通道路为省道266,其东西向穿水口村而过,两侧建筑应后退不小于15 m的距离。在村内交通上,水口村内部道路由村庄主路、村庄支路和巷道组成,村内道路要实现全硬化处理。村庄主路是主要联系各自然村的道路,道路宽度不小于4.5 m,建筑物后退道路不小于3 m。村庄支路主要承担各自然村的内部交通,道路宽度不小于3.5 m,建筑物后退道路不小于1.5 m。巷道即宅间道路,宽度不小于2.0 m。

3) 基础设施规划

规划基期年,水口村无基础设施用地。至2035年,水口村基础设施用地面积规划为0.06 hm²,主要包括给水设施、排水设施、电力设施、环卫设施等用地,具体详见图8-6。

在给水设施上,水口村供水主要接自来水市政管网,水源为三坑水库附近的自来水厂。市政给水管道沿村庄主路布置,管径为100 mm;村域给

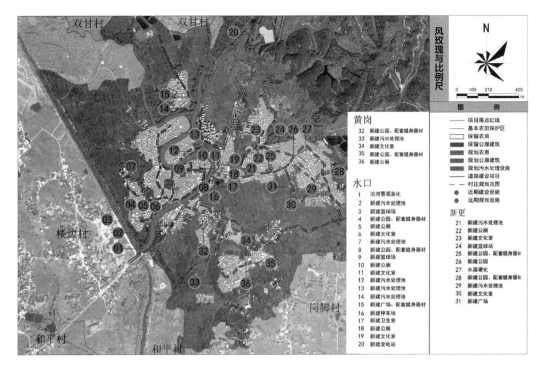

图 8-5　水口村公共服务设施规划图

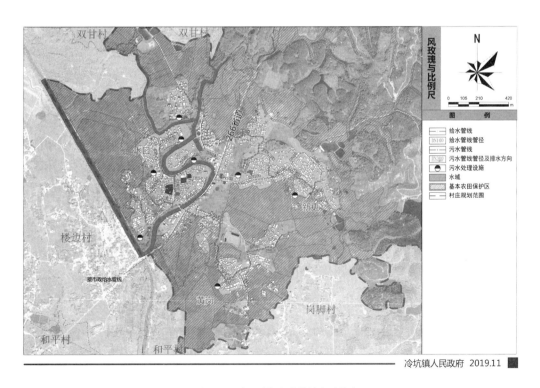

冷坑镇人民政府　2019.11

图 8-6　水口村基础设施规划图

水主管沿次干道和巷道铺设,管径为 100 mm 和 80 mm。

在排水设施上,水口村规划 8 处污水处理池。污水处理池面积共 0.054 hm²,分别位于各自然村。污水处理池采用"厌氧池+人工湿地"工艺,污水经过处理后达标排入处理池附近沟渠内。雨水排放按照自然村划分雨水排出口,通过雨水管渠采用重力流方式就近排入水塘、河流、沟渠和农田中。

在电力设施上,电源主要来自镇区变电站,目前已经实现电力全覆盖。

在环卫设施上,共规划设置 3 处垃圾收集点,每个自然村 1 处,每处占地20 m² 并设置阳光垃圾屋。在各村庄人口活动集中处设置公共厕所 2 处,与村文化室相邻建设。具体的水口村基础设施规划详见图 8-6。

## 8.5　规划创新

### 8.5.1　重视村庄评估

按照科学、客观、系统的原则对村庄现状展开综合评估。结果显示:水口村在用地集约、生态环境、产业结构、历史文化保护与利用、设施保障上的问题较为突出。规划以问题为导向,重点对评估得出的主要问题进行系统研究,使规划更具针对性。同时,规划评估充分融入了村民的生活感受和发展意愿等内容,从村民"接地气"的想法中获得更加真实、客观、有效的村情村貌和村民的发展需求,从而为实现规划编制成果的有用、适用、好用打下了坚实基础。

### 8.5.2　加强现状调研

1) 规范的资料收集

规划前制定以"一表、两图、两清单、两问卷"为主体的规范化调研文件。"一表"指会议签到表,每次座谈会议做好签到和记录,留好痕迹。"两图"指调研前做好叠加了土地利用信息的卫星图和带有行政村界线、标注有自然村名称等信息的现状图纸。"两清单"指制定镇和村庄基础资料收集清单,明确乡镇直属部门和村庄需要收集的具体资料名录。"两问卷"指制定用于访谈的调查问卷和用于了解村民重点诉求的调查问卷。

2) 多样的调研手段

借助无人机作为新型调研设备,运用调研草图大师、91 卫星助手和地理信息系统等多种工具,通过云端信息化实现调研成果与规划方案的无缝衔接,为编制"多规合一"的实用性村庄规划提供技术支撑。

3) 全面的调研访谈

全面的调研访谈主要体现在设施不遗漏、产业要关注、土规要核查、农房要统筹计 4 个方面。通过调研访谈,明确现状设施、在建设施和亟须规划设施的具体位置、边界、规模与服务对象;把握三产发展、村民收入、计划引入项目、建设规模、时间节点、经济效益、产业落点意向等产业关注重点信息；重点核查土地利用规划项目是否与底线要素相冲突；统筹新增分户需求，落实"一户一宅"政策，落实新增新建宅基地的规模和位置。

4）翔实的现场调研

现场调研的对象主要包括农房、道路、基础设施、防灾、公共服务设施、历史文化保护等六大基础板块，并新增了生态保护修复、耕地与基本农田保护、产业及建设空间安排等三大内容，由此构成了更为完善、系统的现场调研框架体系。

### 8.5.3 完善公众参与

1）尊重民意，发挥村民主体作用

要实现村庄规划的好用、能用、适用，就要充分尊重村民意愿，发挥村民主体作用，鼓励村民积极参与议事和规划编制。在调研阶段，邀请村主任和村民同行，保证调研成果的准确性，同时组织小规模座谈会，以了解村民诉求。方案形成阶段的3轮汇报中，均与村主任、村民代表进行反复沟通，听取具体意见，同时结合国土数据，对村民诉求进行合理引导，保证项目切实可行。方案成果阶段则将规划成果张贴在村公示栏，公示1周后召开村民代表会议，对规划成果进行举手表决以确定方案是否通过。

2）上下联动，多方协同推进规划

以"参与式"的方式开展规划编制工作（图8-7至图8-12），扩大公众

图8-7　征求村民代表意见

图8-8　规划方案回访沟通

图8-9　召开村民代表大会

图8-10　村庄规划成果汇报

| 图 8-11　水口村黄氏宗祠调研 | 图 8-12　村民代表大会意见 |

参与,加强政府部门和农村基层的沟通,使规划成果能够符合专业要求、农民意愿和地方实际情况,更具可操作性。规划以公众参与为核心,实现规划设计团队、政府职能部门、社会力量和村民的多方联动,由此更好地实现乡村的共建共治共享。

### 8.5.4　集体经济增收

针对村庄集体经济相对薄弱的状况,对村庄集体耕地、林地和塘库等土地资源和集体所有资产进行系统全面的摸底工作。结合村庄农业、林果产业特色和现有农业经营特点,提出针对性的壮大集体经济的措施,包括推动土地流转经营,推进合作社化经营,培育集体经济龙头企业,盘活利用闲置的集体公共用房及大夫第、司马第等村庄历史文化资源,发展特色公共服务、民宿、文化旅游等产业,以多种方式共同推进集体经济增收。

### 8.5.5　数字乡村建设

提出乡村基建的数字化改造引导措施,利用新一代信息技术,将村庄重要基础设施进行数字化改造,提高村庄管理水平和应急预警能力,保障农业生产安全和农民群众生命安全。引导村庄产业数字化发展,推进数字技术与种养殖业深入融合,推动互联网、电商等与村庄产业、创新创业的有机结合,拓展乡村产业发展动能。

### 8.5.6 管控体系构建

首先,要把规划成果纳入系统,并加强村庄规划实施的监督和评估。村庄规划获批后,及时纳入国土空间规划"一张图"实施监督信息系统,作为用地审批和核发乡村建设规划许可证的依据。及时开展规划实施评估,评估后确需调整的,按法定程序进行调整。上位规划调整的,村庄规划按法定程序同步更新。在不突破约束性指标和管控底线的前提下,继续探索村庄规划动态维护机制。其次,探索规划师"全程陪伴式"服务。规划师要参与重点项目建设,现场指导,实时监督,保证依法依规建设。第三,及时制定管制规则,主要包括生态保护、耕地和永久基本农田保护、历史文化传承与保护、建设空间管制、村庄安全和防灾减灾五大方面,并明确管制的对象、规模、位置、要求等内容。最后,制定村规民约,进一步发挥村民自治作用。对村级土地管理、永久基本农田保护、宅基地使用、承包地流转等事项作出通俗易懂的说明,做到"文字易懂、内容好记、管理可行",从而更好地保障村庄规划实施。

### 8.5.7 乡村有机更新

综合应用乡村有机更新的理念。具体地,保留村庄原有的公共场所、大夫第、宗祠等特色空间,并挖掘继承不同空间的精神文化内涵,在传承场所文脉的基础上,进行乡村有机更新。通过有机更新,使乡村在功能和品质方面适应新时代乡村生产生活的需求,从而形成富有人性化、趣味化的特色空间,营造出具有独特场所精神的乡村风貌。此外,对村庄内部用地进行微整治,从而实现对村庄破碎与闲置用地的盘活利用。

## 8.6 规划实施情况

### 8.6.1 人居环境建设

在村庄规划的指导下,水口村新建了篮球场(图8-13)和卫生室(图8-14),对村内部分土路进行了硬化,并完善了路网系统,从而方便村民出行。同时,水口村稳妥推进了村内老建筑的修缮工作,并对冷坑河进行了美化绿化(图8-15),对卢庆熙厅堂前广场等重要公共空间节点进行了深化设计和改造建设。

图 8-13　新建篮球场　　　　图 8-14　新建卫生室　　　　图 8-15　冷坑河整治

### 8.6.2　村庄产业提升

村庄产业提升工作得到有序推进。水口村开展了祠堂观光旅游项目，实施了冷坑河"一河两岸"现代农业示范带建设，同时稳步推进了水稻种植基地、休闲垂钓园、田园观光体验园等产业项目的规划与建设工作。

总体上，通过村庄规划的实施建设，水口村的面貌焕然一新，由此满足了村民对居住环境改善的需求和对美好生活的向往，这也表明水口村村庄规划实施效果处于良好状态，取得了预期的效果和效益，可为其他地区的村庄规划编制提供一定的参考和借鉴。

毕宇珠,苟天来,张骞之,等,2012. 战后德国城乡等值化发展模式及其启示:
以巴伐利亚州为例[J]. 生态经济,28(5):99-102.

常江,朱冬冬,冯姗姗,2006. 德国村庄更新及其对我国新农村建设的借鉴意
义[J].建筑学报(11):71-73.

陈勇,2001. 生态城市理念解析[J]. 城市发展研究,8(1):15-19.

党国英,罗万纯,2016. 发达国家乡村治理的不同模式[J]. 人民论坛(13):67-69.

董祚继,2015. "多规合一":找准方向绘蓝图[J]. 国土资源(6):11-14.

方创琳,2004. 中国人地关系研究的新进展与展望[J]. 地理学报,59(S1):21-32.

傅华,2002. 生态伦理学探究[M]. 北京:华夏出版社.

郭永奇,2013. 国外新型农村社区建设的经验及借鉴:以德国、韩国、日本为例
[J]. 世界农业(3):42-45.

何兴华,2011. 中国村镇规划:1979—1998[J]. 城市与区域规划研究,4(2):
44-64.

贺海峰,2013. 生态红线如何"落地"[J]. 决策(12):5.

季爱民,2010. 论科学发展观的生态伦理意蕴[J]. 毛泽东思想研究,27
(2):63-66.

蒋跃进,2014. 我国"多规合一"的探索与实践[J]. 浙江经济(21):44-47.

焦必方,孙彬彬,2009. 日本现代农村建设研究[M]. 上海:复旦大学出版社.

李兵弟,2010. 部分国家和地区村镇(乡村)建设法律制度比较研究[M]. 北
京:中国建筑工业出版社.

李存,1999. 从增长到发展:罗马俱乐部可持续发展思想述评[J]. 热带地理,
19(1):88-93.

李干杰,2014. "生态保护红线":确保国家生态安全的生命线[J]. 求是
(2):44-46.

李玉恒,阎佳玉,宋传垚,2019. 乡村振兴与可持续发展:国际典型案例剖析及
其启示[J]. 地理研究,38(3):595-604.

林勇,樊景凤,温泉,等,2016. 生态红线划分的理论和技术[J]. 生态学报,36
(5):1244-1252.

刘士文,曹晨辉,2008. "生态文明"论析:一个马克思主义的视角[J]. 北京行
政学院学报(2):110-112.

刘彦随,王介勇,2016. 转型发展期"多规合一"理论认知与技术方法[J]. 地理
科学进展,35(5):529-536.

刘益真,2017. 发达国家新型职业农民培育经验及其启示[J]. 合作经济与科

技(6):144-145.

龙晓柏,龚建文,2018. 英美乡村演变特征、政策及对我国乡村振兴的启示[J]. 江西社会科学,38(4):216-224.

陆大道,2002. 关于地理学的"人—地系统"理论研究[J]. 地理研究,21(2):135-145.

吕红迪,万军,王成新,等,2014. 城市生态红线体系构建及其与管理制度衔接的研究[J]. 环境科学与管理,39(1):5-11.

罗燕飞,唐霭茵,孙思远,等. 2019. 国土空间规划背景下广东乡村规划实践[Z/OL]. 广州:南粤规划(2019-09-02)[2022-08-01]https://mp.weixin.qq.com/s/Te2BCFP9MvU8ZuVA7fiXGQ.

毛汉英,1995. 人地系统与区域持续发展研究[M]. 北京:中国科学技术出版社.

牛建农,吴广艳,2019. 从村庄到村庄群[M]. 南京:东南大学出版社.

彭兆荣,2011. 四种不同的自然观[J]. 人与生物圈(2):69.

曲卫东,斯宾德勒,2012. 德国村庄更新规划对中国的借鉴[J]. 中国土地科学,26(3):91-96.

屈沛翰,姜海,2021. 典型国家村庄国土空间用途管制经验启示[J]. 中国国土资源经济,34(8):44-50.

饶胜,张强,牟雪洁,2012. 划定生态红线 创新生态系统管理[J]. 环境经济(6):57-60.

沈迟,2015. 我国"多规合一"的难点及出路分析[J]. 环境保护,43(S1):17-19.

沈费伟,刘祖云,2016. 发达国家乡村治理的典型模式与经验借鉴[J]. 农业经济问题,37(9):93-102.

舒美荣,2019. 村镇规划发展历程回顾及浅议[J]. 工程建设与设计(23):4-6.

苏同向,王浩,2015. 生态红线概念辨析及其划定策略研究[J]. 中国园林,31(5):75-79.

孙莹,张尚武,2017. 我国乡村规划研究评述与展望[J]. 城市规划学刊(4):74-80.

谭金芳,邓俊锋,徐佳,2016. 农业教育视角下的法国现代农业及启示[J]. 中国农业教育(2):11-15.

唐任伍,2018. 新时代乡村振兴战略的实施路径及策略[J]. 人民论坛·学术前沿(3):26-33.

陶在朴,2003. 生态包袱与生态足迹:可持续发展的重量及面积观念[M]. 北京:经济科学出版社.

汪洋,2017. 日本市町村"平成大合并":缘由、形式及影响[J]. 世界农业(3):159-163.

汪自书,2015. 城市生态红线的内涵及划定方法研究[J]. 环境科学与管理,40(9):37-40.

王金娟,2006. 人与自然和谐发展的哲学思考[J]. 甘肃联合大学学报(社会科学版),22(6):23-25.

王路曦,朱家存,2020. 论日本市町村合并对其义务教育管理的影响[J]. 外国教育研究,47(6):90-100.

王云才,吕东,彭震伟,等,2015. 基于生态网络规划的生态红线划定研究:以安徽省宣城市南漪湖地区为例[J]. 城市规划学刊(3):28-35.

吴传钧,1991. 论地理学的研究核心:人地关系地域系统[J]. 经济地理,11(3):1-6.

肖玲,1997. 从人工自然观到生态自然观[J]. 南京社会科学(12):22-26.

杨红,张正峰,华逸龙,2013. 美国乡村"精明增长"对我国农村土地整治的启示[J]. 江西农业学报,25(12):120-123.

叶齐茂,2007. 美国乡村建设见闻录[J]. 国际城市规划,22(3):95-100.

叶兴庆,伍振军,周群力,2017. 日本提高农业竞争力的做法及启示[J]. 农产品市场周刊(28):60-63.

于骥,何彤慧,2015. 对生态红线的研究:宁夏生态红线划定的问题和思考[J]. 环境科学与管理,40(1):173-176.

于喆,2019. 日本农村土地管理制度对中国乡村振兴的启示[J]. 农业与技术,39(10):168-170.

喻本德,叶有华,郭微,等,2014. 生态保护红线分区建设模式研究:以广东大鹏半岛为例[J]. 生态环境学报,23(6):962-971.

张波,2016. 多规合一:协调发展之要[J]. 城乡建设(2):1.

张少康,杨玲,刘国洪,等,2014. 以近期建设规划为平台推进"三规合一"[J]. 城市规划,38(12):82-83.

张伟,李长健,2016. 美国农民土地权益保护机制及评价启示[J]. 中国土地科学,30(1):47-52.

张晓瑞,2012. 城市强可持续发展[M]. 南京:东南大学出版社.

张晓瑞,丁峰,杨西宁,等,2017. 多规合一:规划创新与空间重构[M]. 南京:东南大学出版社.

张雅光,2018. 第二次世界大战后日本城乡一体化发展对策研究[J]. 世界农业(1):78-83.

张雅光,2019. 乡村振兴战略实施路径的借鉴与选择[J]. 理论月刊(2):126-131.

郑华,欧阳志云,2014. 生态红线的实践与思考[J]. 中国科学院院刊,29(4):457-461.

周建华,贺正楚,2007. 法国农村改革对我国新农村建设的启示[J]. 求索(3):17-19.

周岚,于春,2014. 法国农村改革对我国新农村建设的启示[J]. 国际城市规划,6(4):1-17.

朱江,尹向东,2016. 城市空间规划的"多规合一"与协调机制[J]. 上海城市管理,25(4):58-61.

宗跃光,张晓瑞,何金廖,等,2011. 空间规划决策支持技术及其应用[M]. 北京:科学出版社.

# 图表来源

图 6-1 源自：作者拍摄

图 6-2 至图 6-7 源自：作者根据相关资料绘制（底图由昌吉州国土资源规划研究院提供）

图 6-8 源自：作者绘制

图 6-9 至图 6-12 源自：作者根据相关资料绘制（底图由昌吉州国土资源规划研究院提供）

图 6-13 至图 6-15 源自：作者根据相关资料绘制（底图由作者拍摄）

图 6-16 至图 6-26 源自：作者根据相关资料绘制（底图由昌吉州国土资源规划研究院提供）

图 6-27、图 6-28 源自：作者绘制

图 6-29 源自：左侧图片作者绘制，右上和右下侧照片均来自百度识图

图 6-30 源自：作者绘制

图 6-31 源自：左侧上下的现状照片由作者拍摄，右侧上下的引导照片来自百度识图

图 6-32 源自：左侧上下的现状照片由作者拍摄，右侧上下的引导照片来自百度识图

图 6-33 至图 6-36 源自：作者绘制

图 7-1 至图 7-4 源自：作者根据相关资料绘制（底图由安吉县自然资源和规划局提供）

图 7-5 源自：作者拍摄

图 7-6 源自：作者根据相关资料绘制（底图由安吉县自然资源和规划局提供）

图 7-7 源自：作者拍摄

图 7-8 至图 7-13 源自：作者绘制

图 7-14 至图 7-16 源自：作者根据相关资料绘制（底图由安吉县自然资源和规划局提供）

图 7-17 至图 7-41 源自：作者绘制

图 7-42 源自：作者根据相关资料绘制（图 1、图 2、图 4 源自百度图片，图 3、图 5 至图 8 源自百度识图）

图 7-43 源自：作者根据相关资料绘制（图 1 至图 4 源自百度识图）

图 7-44 源自：作者根据相关资料绘制（图 1、图 3 至图 7 源自百度识图，图 2 源自百度图片）

图 7-45、图 7-46 源自：作者绘制

图 8-1 源自：作者根据相关资料绘制（底图源自大地图 bigmap 官网）

图 8-2 源自：作者拍摄

图 8-3 源自：作者根据相关资料绘制（底图由怀集县规划服务中心提供）

图 8-4、图 8-5 源自：作者绘制

图 8-6 源自：作者根据相关资料绘制（底图来自中国电子地图下载）

图 8-7、图 8-8 源自:作者根据相关资料绘制(底图由怀集县规划服务中心提供)

图 8-9 至图 8-14 源自:作者拍摄

图 8-15 至图 8-17 源自:怀集县冷坑镇人民政府提供


表 6-1 源自:作者据木垒哈萨克自治县文化体育广播电视和旅游局收集资料整理绘制

表 6-2 至图 6-5 源自:作者绘制

表 7-1 源自:作者据现状调研整理绘制

表 7-2 至表 7-6 源自:作者绘制

表 8-1 源自:作者据现状调研整理绘制

表 8-2 至表 8-4 源自:作者绘制


说明:未提及的图号或表号表示该章节中没有图片或表格。

# 本书作者

于建伟,浙江大学建筑设计研究院有限公司规划设计所所长,高级工程师,国家注册城乡规划师,西安建筑科技大学硕士,西安建筑科技大学博士研究生(城乡规划学)。主要从事国土空间规划、乡村振兴战略、小城镇发展、历史文化保护传承、城市更新、城乡风貌特色等实践工作。主持或主要参加规划项目及科研课题100余项,获国家、省部级优秀城乡规划设计奖10余项,发表学术论文多篇。

张晓瑞,南京大学博士,中国科学院地理科学与资源研究所博士后,合肥工业大学教授,国家注册城乡规划师。主要从事国土空间规划、城市与区域规划、空间规划决策支持技术等方面的教学与科研工作。近年来,主持完成各级各类规划编制研究和实践项目70余项,发表中英文学术论文近百篇,出版学术专著和高校教材9部。